王凤忠　王东晖　编著

中国农业科学技术出版社

图书在版编目（CIP）数据

石斛 / 王凤忠，王东晖编著 . —北京：中国农业科学技术出版社，2015.12

ISBN 978-7-5116-1977-8

Ⅰ . ①石… Ⅱ . ①王… ②王… Ⅲ . ①石斛—基本知识 Ⅳ . ① R282.71

中国版本图书馆 CIP 数据核字（2015）第 300321 号

责任编辑　贺可香
责任校对　贾海霞

出 版 者　中国农业科学技术出版社
　　　　　北京市中关村南大街 12 号　邮编：100081
电　　话　（010）82106638（编辑室）（010）82109702（发行部）
　　　　　（010）82109709（读者服务部）
传　　真　（010）82106650
网　　址　http://www.castp.cn
经 销 者　各地新华书店
印 刷 者　北京富泰印刷责任有限公司
开　　本　850 mm × 11 68 mm　1 /32
印　　张　7.625
字　　数　250 千字
版　　次　2015 年 12 月第 1 版　2017 年 2 月第 2 次印刷
定　　价　52.00 元

《石斛》编著名单

主 编 著　王凤忠　王东晖

副主编著　赵菊润　蒋文超　王　杕

参加人员　（按姓氏笔画排序）

方　芳　王　艳　王博华　尹卓平

吕海洋　来吉祥　李丽梅　李能波

张　玥　黄璐璐　廖勤昌

序

两年前，我带队到滇西龙陵开展调研，龙陵县县委、县政府负责同志向调研组介绍，石斛在当地普遍种植，已成为山区农户脱贫致富奔小康的支柱产业。这是我第一次接触石斛。石斛是传统名贵中药材，广泛分布于我国云、贵、川等地，早在《神农本草经》中就有记载，具有滋阴清热、生津益胃等功效，与人参、雪莲、灵芝等并称为“中华九大仙草”。作为传统的中国人，我也算是开了眼界、长了见识。调研中还发现，当地石斛产业虽然发展很快，但面临着价格波动巨大、市场前景不明的瓶颈性制约，更深层次的原因是药理研究、技术支撑、品牌建设等缺乏。调研组随即与中国农业科学院农产品加工研究所王凤忠研究员联系，希望所里能提供技术支持。不到一周的时间里，王凤忠研究员就率队来到龙陵，与当地县政府签订了促进石斛产业发展的战略合作协议，从技术研发到产品推介等开展全面合作。自此以后，双方务实地进行了一系列富有创意的合作活动，包括人员培训、技术推广、市场开拓等，有力地促进了龙陵乃至滇西石斛产业的健康发展。

前几天，王凤忠研究员给我送来了这本《石斛》书稿并请我作序。我手不释卷，连夜研读。我十分欣喜，王凤忠研究员及其团队不仅在推进石斛产业发展方面做了大量工作，而且在石斛相关学术研究方面也颇有建树。王凤忠研究员及其团队编撰的这本《石斛》分为六章，对石斛的起源、生物学特性、化学成分、功能活性、种植栽培、保鲜贮藏、传统医用食用、现代加工技术以及质量监督鉴别技术等方面进行了全方位介绍，提供了十分全面的资料与信息，能帮助广大读者深入了解石斛，提高生活质量和自身健康水平。

该书内容系统、全面，文字准确、简练，科学性、权威性强，图文并茂，引人人胜，适合园艺从业者、教学科研人员、企业产品开发人员和广大养生保健爱好者阅读。

欣喜之余，是为序。

中华人民共和国农业部人事劳动司

刘荣志

2015 年 11 月 20 日

目　录

第一章　石斛的生物学特性

第一节　石斛的起源及生物学特性

一、石斛的起源

石斛（*Dendrobium*）属兰科植物，又称石斛兰，为附生性草本植物，易附生在植物石头缝隙中。石斛是我国古文献中最早记载的兰科植物之一。早在 2 000 年前，《神农本草经》中就有记载。石斛属是兰科植物中最大的一个属，原产地主要分布于热带和亚热带，澳大利亚和太平洋岛屿，全世界有 1 500 多种。中国约有 76 种，大部分分布于西南、华南、台湾等地。其中，云南就有 46 种，龙陵有 40 余种。

石斛被古人当作药材。从古至今，人们一直把它和灵芝、人参、冬虫夏草等列为上品中药，据《本草备至》叙述，石斛具有驱解虚

图 1–1　齿瓣石斛

热、益精强阴等功效。

二、石斛生物学特性

石斛茎丛生，多节，呈圆柱形，细长，生长前期直立，中后期下垂，尖端稍有回折状弯曲，肉质状肥厚（注：人工栽培品更为明显）。

齿瓣石斛（图 1–1、图 1–2）：茎粗 0.30~0.70cm，长 30~90cm（注：人工栽培较好的茎粗可达 1.5cm，长达 1.8m），秋冬采收除去叶鞘（鲜条），茎表皮多为紫褐色或紫红色，光照强的地方尤其明显（人工栽培的有些会呈现出淡绿色），且有少数茎横切面为紫红色，简称血草，干后祛除叶鞘为金黄色。叶为互生，质地较薄，卵状披针形，长 3~11cm，宽 0.6~2.4cm，先端长渐尖，基部具抱茎的鞘；叶鞘常有紫红色斑点，部分叶脉亦为紫红色；秋冬落叶后叶鞘抱茎为白色，少部分会自动脱落，因此有人称齿瓣石斛鲜品药材为白条或嫩条，其粗多糖含量约为开花后“老条（老茎）”的 15 倍[1]。总状花序数个，是从上一年秋冬落叶的老茎上开出，每个具 2~3 朵花；花序柄为绿色，长约 4mm，基部有 2~3 枚干膜质的鞘；花苞片为膜质，呈卵形，长约 4mm，先端近锐尖；花梗和子房绿色带紫褐色，长 2.0~2.5cm；花质地薄，展开，微香；中萼片白色，上部具紫红色斑点，卵状披针形，长约 2.5cm，宽约 9mm，先端急尖，具 5 条紫色的脉，向基部延伸颜色渐淡；侧萼片与中萼片同色，相似而等大，但基部稍歪斜；萼囊近球形，长约 4mm；花瓣与萼片同色，卵形，长约 2.6cm，宽约 1.3cm，先端近急尖，基部收狭为短爪，边缘具流苏，具 3 条脉，其两侧的主脉多且分枝；唇瓣白色，先端为紫色，中部以下两侧具紫红色条纹，长约 3cm，基部收狭为短爪，边缘具复式流苏，表面密布短毛；唇盘两侧各具 1 个黄色斑块；蕊柱为白色，长约 3mm，前面两侧具紫红色条纹；药帽白色，近圆锥形，密布细乳突，前端边缘具不整齐的齿；花药 2 室，花粉团 4 个，2 个为 1 对，蜡质。花期 4~5 月、8~9 月，秋季开花较春夏少；蒴果，长 3~5cm，具棱，种子呈粉末状，成熟时为淡黄色[2]。

图 1-2　齿瓣石斛

铁皮石斛（图 1-3、图 1-4），茎直立，圆柱形，长 9~35cm，粗 2~4mm，不分枝，具多节，节间长 1.3~1.7cm，中部以上互生 3~5 枚叶，冬季采收祛除叶鞘后，茎表皮多为紫色和紫红色；叶二列，纸质，长圆状

图 1-3　铁皮石斛

披针形，长 3~4cm（人工种植的 3~7cm），宽 9~11mm（人工种植 9~15mm），先端钝并且有钩转，基部下延为包茎的鞘，边缘和中肋常带淡紫色；叶鞘常具紫斑，老时其上缘与茎松离而张开，有的会自动脱落，并且与节留下 1 个环状铁青的间隙。总状花序常从上一年落了叶的老茎上部发出，具 2~3 朵花；花序柄长 5~10mm，基部具 2~3 枚短鞘；花序轴具回折状弯曲，长 2~4cm；花苞片膜质，浅白色，呈卵形，长 5~7mm，先端稍钝；花梗和子房长 2~2.5cm；萼片和花瓣黄绿色，相似，长圆状披针形，长约 1.8cm，宽 4~5mm，先端锐尖，具 5 条脉纹；侧萼片基部较宽阔，宽约 1cm；萼囊圆锥形，长约 5mm，末端圆形；唇瓣白色，基部具 1 个绿色或黄色的胼

图 1-4　铁皮石斛

胝体，卵状披针形，比萼片稍短，中部反折，先端急尖，不裂或不明显 3 裂，中部以下两侧有紫红色条纹，边缘稍有波状；唇盘有细乳突状的毛密布，并且在中部以上具有 1 个紫红色斑块；蕊柱黄绿色，长约 3mm，先端两侧各具 1 个紫点；蕊柱足黄绿色带紫红色条纹，疏生毛；药帽白色，长卵状三角形，长约 2.3mm，顶端近锐尖并且分 2 裂。花期 3~6 月。

金钗石斛（图 1-5、图 1-6）：茎直立，肉质状肥厚，圆柱形稍扁，长 10~60cm，粗 1.3cm，上部稍有回折状弯曲，基部收狭明显，不分枝，具多节，有的节稍有肿大；节间略呈倒圆锥形，长 2~4cm，干后金黄色。叶革质，长圆形，长 6~11cm，宽 1~3cm，先端钝且不

图 1-5　金钗石斛

图 1-6　金钗石斛

等侧2裂，基部具包茎的鞘。总状花序从上年具叶或落了叶的老茎中部以上发出，长2~4cm，具1~4朵花；花序柄长5~15mm，基部有数枚筒状鞘；花苞片膜质，卵状披针形，长6~13mm，先端渐尖；花梗和子房淡紫色，长3~6mm；花大，白色带淡紫色先端，有时全体淡紫红色或除唇盘上具1个紫红色斑块外，其余均为白色；中萼片长圆形，长2.5~3.5cm，宽1~1.4cm，先端钝，具5条脉；侧萼片与中萼片相似，先端锐尖，基部歪斜，具5条脉；萼囊圆锥形，长6mm；花瓣多少斜宽卵形，长2.5~3.5cm，宽1.8~2.5cm，先端钝，基部具短爪，全缘，具3条主脉和许多支脉；唇瓣宽卵形，长2.5~3.5cm，宽2.2~3.2cm，先端钝，基部两侧收狭为短爪，具有紫红色条纹，中部以下两侧围抱蕊柱，边缘具短的睫毛，两面密布短茸毛，唇盘中央有1个紫红色大斑块；蕊柱绿色，长5mm，基部稍大，具绿色的蕊柱足；药帽紫红色，圆锥形，有细乳突密布，前端边缘具有不整齐的尖齿。花期4~5月。

鼓槌石斛（图1-7、图1-8）：茎直立，肉质，纺锤形，长6~30cm，中部粗1.5~5cm，具2~5节间，具多数圆钝的条棱，干后金黄色，秋冬不落叶，近顶端具2~5枚叶。叶革质，长圆形，长19cm，宽2~3.5cm或更宽，先端急尖而钩转，基部收狭，但下延没有抱茎的鞘。总状花序近顶端发出，斜出或稍下垂，长20cm左右；花序轴粗壮，疏生多数花；花序柄基部具4~5枚鞘；花苞片小，膜质，卵状披针形，长2~3mm，先端急尖；花梗、子房黄色，长达5cm；花质地厚，金黄色，带淡淡的香气；中萼片长圆形，长1.2~2cm，中部宽5~9mm，先端稍钝，具7条脉；侧萼片与中萼片近等大；萼囊近似球形，宽约4mm；花瓣倒卵形，等长于中萼片，宽约为萼片的2倍，先端近圆形，具约10条脉；唇瓣的颜色比萼片和花瓣深，近肾状圆形，长约2cm，宽2.3cm，先端浅2裂，基部两侧稍有红色条纹，边缘波状，上面被短茸毛密布；唇盘通常呈“八”

图 1-7　鼓槌石斛

图 1-8　鼓槌石斛

隆起，有时有“U”形的栗色斑块；蕊柱长约 5mm；药帽淡黄色，尖塔状。花期 3~5 月。

马鞭石斛（图 1-9、图 1-10）：茎直立，圆柱形，绿色，在阳光充足的地方带红紫色，具沟槽，高 30~120cm，粗 0.6~1.2cm，秋冬不落叶。叶薄革质，长椭圆形，长 9~12cm，宽 2~4.5cm，顶端急尖或渐尖。总状花序生于无叶茎的先端，下垂，有花 5~8 朵；花金黄色，有香气；萼片长约 2.5cm，宽 1.2~1.5cm；花瓣与萼片等长，但较宽，为 1.5~1.7cm；唇瓣近圆形，长 2.5~3cm，宽 2.5~2.8cm，唇盘上有 1 个肾形紫色斑块，两面均有绒毛。花期 4~5 月。

黑毛石斛（图 1-11、图 1-12）：茎圆柱形，有时肿大呈纺锤形，长 20cm 左右，粗 4~6mm，不分枝，数节，节间长 2~3cm，干后金黄色。叶多，互生于茎的上部，革质，长圆形，长 7~9.5cm，宽 1~2cm，先端钝并且不等侧 2 裂，基部下延为抱茎的鞘，有黑色粗毛密布，叶鞘尤为突出。总状花序出自有叶的茎端，1~2 朵花；花序柄长 5~10mm，基部有

图 1-9　马鞭石斛

图 1-10　马鞭石斛

图 1-11　黑毛石斛

图 1-12　黑毛石斛

3~4 枚短的鞘包被；花苞片纸质，卵形，长约 5mm，先端急尖；花展开，萼片和花瓣淡黄色或白色，相似，近等大，狭卵状长圆形，长 2.5~3.4cm，宽 6~9cm，先端渐尖，有 5 条脉；中萼片的中肋在背面有矮的狭翅；侧萼片与中萼片近等大，但基部歪斜，有 5 条脉，在背面的中肋有矮的狭翅；萼囊劲直，角状，长 1.5~2cm；唇瓣淡黄色或白色，带橘红色的唇盘，长约 2.5cm，3 裂；侧裂片围抱蕊柱，近倒卵形，前端边缘稍波状；中裂片近圆形或宽椭圆形，先端锐尖，波状形边缘；唇盘沿脉纹疏生粗短的流苏；蕊柱长约 6cm；药帽短圆锥形，前端边缘密生短髯毛。花期 4~5 月。

球花石斛（图 1–13、图 1–14）：茎直立或斜立，圆柱形，粗

图 1–13　球花石斛

状，长 12~46cm，粗 7~16mm，基部收狭为细圆柱形，不分枝，具数节，黄褐色并且具光泽，有数条纵棱，干后有的会呈现紫褐色。叶互生，3~4 枚于茎的上端，革质，椭圆形、长圆形或长圆状披针形，长 9~16cm，宽 2.4~6cm，先端急尖，基部下不延为抱茎的鞘，但收狭为柄长约 6mm。总状花序侧生于带有叶的老茎上端，下垂，长 10~16cm，密生许多花，花序柄基部被 3~4 枚纸质鞘包被；花苞片浅白色，纸质，倒卵形，长 10~15mm，宽 5~13mm，先端圆钝，有数条脉，干后不卷起；花梗和子房浅白色带紫色条纹，长 2.5~3cm；花展开，质地薄，黄色或白色；中萼片卵形，长约 1.5cm，宽 8mm，先端钝，全缘，有 5 条脉；侧萼片稍斜卵状披针形，长 1.7cm，宽

图 1-14　球花石斛

图 1–15　串珠石斛

图 1–16　串珠石斛

7mm，先端钝，全缘，有 5 条脉；萼囊近球形，宽约 4mm；花瓣近圆形，长 14mm，宽 12mm，先端圆钝，基部有长约 2mm 的爪，有 7 条脉和许多支脉，基部以上边缘具不整齐的细齿；唇瓣金黄色，半圆状三角形，长 15mm，宽 19mm，先端圆钝，基部有长约 3mm 的爪，上面有短绒毛密布，背面短绒毛疏被；爪的前方有 1 枚倒向的舌状物；蕊柱白色，长 4mm；蕊柱足淡黄色，长 4mm；药帽白色，前后压扁的圆锥形。花期 4~7 月，果期 12 月。

串珠石斛（图 1–15、图 1–16）：茎悬垂，肉质，细圆柱形，长 30~40cm 或更长，粗 2~3mm，近中部或中部以上的节间膨大，多分枝，在分枝的节上通常肿大而成念珠状，主茎节间较长，3.5cm 左右，分枝节间长约 1cm，干后褐黄色，有时带污黑色。叶薄革质，互生于分枝的上部，2~5 枚，狭披针形，长 5~7cm，宽 3~7mm，先端钝或锐尖稍有钩转，基部有鞘；叶鞘纸质，通常水红色，筒状。总状花序侧生，常减退成单朵；花序柄纤细，长 5~15mm，基部有 1~2 枚膜质筒状鞘；花苞片白色，膜质，卵形，长 3~4mm；花梗绿色与浅黄绿色带紫红色斑点的子房纤细，长约 1.5cm；花大，展开，质地薄；萼片淡紫色或水红色，先端呈现深紫色；中萼片卵状披针形，长 3~3.6cm，宽 7~8mm，先端渐尖，基部稍收狭，有 8~9 条脉；侧萼片卵状披针形，与中萼片等大，先端渐尖，基部歪斜，有 8~9 条脉；萼囊近球形，长约 6mm；花瓣白色带紫色先端，卵状菱形，长 2.9~3.3cm，宽 1.4~1.6cm，先端近锐尖，基部楔形，有 5~6 条主脉和许多支脉；唇瓣白色带紫色先端，卵状菱形，与花瓣等长而宽得多，先端钝或稍锐尖，边缘有细锯齿，基部两侧黄色；唇盘有 1 个深紫色斑块，上面被短毛密布；蕊柱长约 2mm；蕊柱足淡红色，长约 6mm；药帽乳白色，近圆锥形，长约 2mm，顶端宽钝而凹，被棘刺状毛密布，前端边缘撕裂状。花期 5~6 月。

图 1–17　杯鞘石斛

杯鞘石斛（图 1–17、图 1–18）：茎悬垂，肉质，圆柱形，长（11~）20~26（~50）cm，宽 5~10mm，多节，有的稍肿大，上部有回折状弯曲，节间长 2~2.5cm，干后淡黄色。叶纸质，长圆形，长 8~11cm，宽 15~18cm，先端稍钝并且一侧钩转，基部有抱茎的鞘；叶鞘干后纸质，鞘口为杯状张开。总状花序从落了叶的老茎上部发出，有 1~2 朵花；花序柄长 3~5mm，基部有 2~3 鞘包被；鞘纸质，宽卵形，长 3~5mm，先端钝，干后浅白色；花苞片纸质，宽卵形，长 7~10mm，先端钝；花梗和子房淡紫色，

图 1–18　杯鞘石斛

长约 2cm；花白色，先端为淡紫色，有香气，展开，纸质；中萼片卵状披针形，长 2.3~2.5cm，宽 7~8mm，先端急尖或稍钝，有 7 条脉；侧萼片与中萼片近圆形，等大，先端急尖，基部歪斜，有 7 条脉；萼囊小，近球形，长约 3mm；花瓣斜卵形，长 2.3~2.5cm，宽 1.3~1.4cm，先端钝，基部收狭为短爪，全缘，有 5 条主脉和许多支脉；唇瓣近宽倒卵形，长 2.3cm，宽 2cm，先端圆形，基部楔形，其两侧具多数紫红色条纹，边缘有睫毛，上面有短毛密生，唇盘中央横生着 1 个淡黄色的半月形斑块；蕊柱白色，正面有紫色条纹，长约 4mm；药帽白色，近圆锥形，密生细乳突，前端边缘有不整齐的齿。蒴果卵球形，长约 3cm，粗 1.3~1.6cm。花期 4~5 月，果期 6~7 月。

梳唇石斛（图 1-19、图 1-20）：茎肉质，直立，圆柱形或稍呈

图 1-19　梳唇石斛

长纺锤形，长 3~27cm，连同鞘一起粗 4~10mm，多节，当年生的被叶鞘所包裹，上一年生的当叶鞘腐烂后呈金黄色，稍有回折状弯曲。叶质地薄，二列，互生于整个茎上，长圆形，长 4~10cm，宽达 1.7cm，先端锐尖且不等侧 2 裂，基部扩大为偏鼓的鞘；叶鞘草质，干后松松的抱茎，鞘口斜截。总状花序有 1~4 个，顶生或侧生于茎的上部，近直立，远高出叶外，长达 13cm；花序轴纤细，密生 20 余朵小花；花苞片卵状披针形，长 2~4mm，先端渐尖；花梗和子房长约 5mm；花黄绿色，但萼片位于基部紫红色；中萼片狭卵状披针形，长 11mm，宽 2mm，先端长渐尖，有 3 条脉；侧萼片镰状披针形，长达 14mm，基部歪斜且宽 4.3mm，中部以上骤然急尖呈尾状，有 4~5 条脉；萼囊短圆锥形，长约 4mm；花瓣浅黄绿色带紫红色脉

图 1-20　梳唇石斛

图 1-21　报春石斛

纹，卵状披针形，比中萼片稍小，有 3 条脉；唇瓣紫红色，长 8mm，宽 4mm，中部以上分 3 裂；侧裂片呈卵状三角形，先端尖齿状，边缘有梳状齿；中裂片三角形，先端急尖，边缘皱褶呈鸡冠状；唇盘有个由 2~3 条褶片连成一体的脊突；脊突厚肉质，终止于中裂片的基部，先端扩大；蕊柱淡紫色，近圆柱形，长约 2mm；蕊柱足边缘被细乳突密布；药帽半球形，前端边缘撕裂状。花期 9~10 月。

报春石斛（图 1-21、图 1-22）：茎下垂，厚肉质，圆柱形，长 20~35cm，粗 8~13mm，多节，节间长 2~2.5cm。叶纸质，二列，互

图 1-22　报春石斛

生于整个茎上，披针形或卵状披针形，长 8~10.5cm，宽 2~3cm，先端钝并且不等侧 2 裂，基部有纸质或膜质的叶鞘。总状花序 1~3 朵花，通常从落了叶的老茎上部节上发出；花序柄着生的茎节处呈舟状凹下，长 2mm，基部有 3~4 枚长 2~3mm 的膜质鞘；花苞片浅白色，膜质，卵形，长 5~9mm，先端钝；花梗和子房黄绿色，长 2~2.5cm；花展开，下垂；萼片和花瓣呈淡玫瑰色；中萼片狭披针形，长 3cm，宽 6~8mm，先端近锐尖，有 3~5 条脉；侧萼片与中萼片同形而等大，先端近锐尖，基部歪斜，有 3~5 条脉；萼囊狭圆锥形，长约 5mm，末端钝；花瓣狭长圆形，长 3cm，宽 7~9cm，先端钝，有 3~5 条脉，全缘；唇瓣淡黄色带淡玫瑰色先端宽，倒卵形，长小于宽，宽约 3.5cm，中下部两侧围抱蕊柱，边缘有不整齐的细齿，两面被短柔毛密布，唇盘有紫红色的脉纹；蕊柱白色，长约 3mm；药帽白色，椭圆状圆锥形，顶端稍有凹，被乳突状毛密布，前端边缘宽凹缺。花期 3~4 月。

图 1–23　玫瑰石斛

玫瑰石斛（图 1–23、图 1–24）：茎悬垂，肉质状肥厚，青绿色，圆柱形，长 30~40cm，粗约 1cm，基部稍收狭，不分枝，多节，节间长 3~4cm，有绿色和白色条纹的鞘包被，干后紫铜色。叶近革质，狭披针形，长 5~10cm，

图 1–24　玫瑰石斛

宽 1~1.25cm，先端渐尖，基部有抱茎的膜质鞘。总状花序很短，从落了叶的老茎上部发出，1~4 朵花；花序柄长约 3mm，基部有 3~4 枚干膜质的鞘包被；花苞片卵形，长约 4mm，先端锐尖；花梗和子房淡紫红色，长约 3.5cm；花质地厚，展开；萼片和花瓣白色，中上部淡紫色，干后蜡质状；中萼片近椭圆形，长 2.1cm，宽 1cm，先端钝，有 5 条脉；侧萼片卵状长圆形，与中萼片近等大，先端钝，基部歪斜，有 5 条脉，在背面其中肋稍有龙骨状隆起；萼囊小，近球形，长约 5mm；花瓣宽，倒卵形，长 2.1cm，宽 1.2cm，先端近圆形，有 5 条脉；唇瓣中部以上淡紫红色，中部以下金黄色，近圆形或宽倒卵形，长宽约相等，2cm，中部以下两侧围抱蕊柱，上面有短柔毛密布；蕊柱白色，前面有 2 条紫红色条纹，长约 3mm；药帽近圆锥形，顶端收狭而向前弯，前端边缘有细齿。花期 3~4 月。

棒节石斛（图 1-25、图 1-26）：茎直立或斜立，黄色，长约 20cm，粗 7~10mm，不分枝，数节；节间扁棒状或棒状，长 3~3.5cm，基部常宿存纸质叶鞘。叶革质，互生于茎的上部，披针形，长 5.5~8cm，宽 1.3~2cm，先端稍钝且不等侧 2 裂，基部有抱茎的鞘。总状花序常从落了叶的老茎上部发出，2 朵花；花序柄长 6~16cm，基部有长约 5mm 的膜质鞘；花苞片膜质，卵状三角形，长约 6mm；花梗和子房淡玫瑰色，长 5~6cm；花白色带玫瑰色先端，展开；中萼片长圆状披针形，长 3.5~3.7cm，宽 9mm，先端近钝尖，有 5 条脉；侧萼片卵状披针形，长 3.5~3.7cm，宽 9mm，先端近急尖，有 5 条脉；萼囊近圆筒形，长 5mm；花瓣宽，长圆形，长

图 1-25　棒节石斛

图 1-26　棒节石斛

3.5~3.7cm，宽 1.8cm，先端急尖，基部稍收狭为短爪，有 5 条脉；唇瓣近圆形，凹的，宽约 2.4cm，先端锐尖带玫瑰色，基部两侧有紫红色条纹；唇盘中央金黄色，密布短柔毛；蕊柱前面有紫红色条纹，长约 8mm；药帽白色，顶端圆钝。花期 3 月。

叠鞘石斛（图 1-27、图 1-28）：茎较粗壮，圆柱形，长 25~35cm，粗 4mm 以上，不分枝，数节；节间长 2.5~4cm，干后淡黄色或黄褐色。叶革质，线形或狭长圆形，长 8~10cm，宽 1.8~4.5cm，先端钝并且微凹或有的近锐尖而一侧稍钩转，基部有鞘；叶鞘紧抱于茎。总状花序侧生于上一年落了叶的茎上端，长

图 1-27　叠鞘石斛

图 1-28　叠鞘石斛

5~14cm，一般 1~2 朵花，有时 3 朵；花序柄近直立，长 0.5cm，基部套迭 3~4 枚鞘；鞘纸质，浅白色，杯状或筒状，位于基部的较短，向上逐渐变长，长 5~20mm；花苞片膜质，浅白色，舟状，花苞片长 1.8~3cm，宽约 5mm，先端钝；花梗和子房长约 3cm；花橘黄色，展开；中萼片长圆状椭圆形，长 2.3~2.5cm，宽 1.1~1.4cm，先端钝，全缘，5 条脉；侧萼片长圆形，等长于中萼片而稍较狭，先端钝，基部稍歪斜，5 条脉；萼囊圆锥形，长约 6mm；花瓣椭圆形或宽椭圆状倒卵形，长 2.4~2.6cm，宽 1.4~1.7cm，先端钝，全缘，3 条脉，侧边的主脉具分枝；唇瓣近圆形，上面一个大的紫色斑块，长

2.5cm，宽约 2.2cm，基部具长约 3mm 的爪并且其内面有时有数条红色条纹，中部以下两侧围抱蕊柱，上面被绒毛密布，边缘有不整齐的细齿，唇盘无任何斑块；蕊柱长约 4mm，具长约 3mm 的蕊柱足；药帽狭圆锥形，长约 4mm，光滑，前端近截形。花期 5~6 月。

图 1-29　流苏石斛

流苏石斛（图 1-29、图 1-30）：茎粗壮，斜立或下垂，质地硬，圆柱形或有的基部上方稍呈纺锤形，长 50~100cm，粗 8~12（~20）cm，不分枝，多节，干后淡黄色或淡黄褐色，节间长 3.5~4.8cm，多纵槽。叶二列，革质，长圆形或长圆状披针形，长 8~15.5cm，宽 2~3.6cm，先端急尖，有时稍 2 裂，基部有革质鞘且紧抱于茎。总状花序长 5~15cm，疏生 6~12 朵花；花序轴较细，稍有弯曲；花序柄长 2~4cm，基部有数枚套叠的鞘；鞘膜质，筒状，位于基部的最短，长约 3mm，顶端的最长，1cm；花苞片膜质，卵状三角形，长 3~5mm，先端锐尖；花梗和子房浅绿色，长 2.5~3cm；花金黄色，质地薄，展开，稍有香气；中萼片长圆形，长 1.3~1.8cm，宽 6~8mm，先端钝，边缘全缘，5 条脉；侧萼片卵状披针形，与中萼片等长而稍较狭，先端钝，基部歪斜，全缘，5 条脉；

图 1-30　流苏石斛

图 1-31 红花石斛

图 1-32 红花石斛

萼囊近圆形，长约 3mm；花瓣长圆状椭圆形，长 1.2~1.9cm，宽 7~10mm，先端钝，边缘微啮蚀状，5 条脉；唇瓣比萼片和花瓣的颜色深，近圆形，长 15~20mm，基部两侧有紫红色条纹且收狭为长约 3mm 的爪，边缘有复流苏，唇盘有 1 个新月形横生的深紫色斑块，上面被短绒毛密布；蕊柱黄色，长约 2mm，有长约 4mm 的蕊柱足；药帽黄色，圆锥形，光滑，前端边缘有细齿。花期 4~6 月。

红花石斛（图 1-31、图 1-32）：茎直立或悬垂，圆柱形，有的中部增粗而稍呈纺锤形，长 40~60cm，粗 5~10mm，基部收窄，不分枝，多节，节间倒圆锥状圆柱形，长 1~2cm。叶薄革质，披针形或卵状披针形，长 6~10cm，宽 1.2~2cm，先端渐尖，基部有鞘；叶鞘绿色带紫红色，紧抱于茎。总状花序从落了叶的老茎上长出，长 5~25mm，呈簇生状，密生 6~10 朵花；花苞片膜质，卵状披针形，长约 3mm，宽 2.5mm，先端急尖；花梗和子房呈褐绿色，长约 1.3cm；花鲜红色，不甚张开；中萼片椭圆形，长约 1cm，宽 5mm，先端钝，5 条脉；侧萼片斜卵形，与中萼片等大，先端锐尖，基部歪斜，5 条脉；萼囊狭圆锥形，长约 1cm；花瓣斜倒卵状长圆形，等长于中萼片且稍较狭，先端锐尖，基部收狭，3条脉；唇瓣匙形，长1.5~2.2cm，宽7~8.5mm，先端稍钝，基部有狭的爪，全缘；蕊柱黄色，长约2mm；蕊柱足黄绿色，长约1cm；药帽黄色，圆锥形，前端边缘有细乳突状毛。花期3~11月，常不定时开放。

图 1-33 黄花石斛

黄花石斛（图1-33、图1-34）：又叫铜皮石斛。茎直立或下垂，细圆柱形，长50~100cm，粗3~6mm，不分枝，多节，节间长2.5~3cm，干后淡黄色，数条纵棱。叶革质，卵状披针形，长8~11（~13）cm，宽约1cm，先端长渐尖，基部有抱茎的鞘。总状花序为2~4个，从上一年生落了叶的茎上发出，有2~5朵花；花序柄纤细，长1~2cm，基部有2~3枚短的膜质鞘；花苞片膜质，卵形，长约2mm，先端锐尖；花梗和子房纤细，长约2cm；花黄色，展开，质地薄；中萼片长圆状披针形，长约2.3cm，宽6mm，先端急尖，5条脉；侧萼片与中萼片相似，等大，基部稍歪斜；萼囊近圆筒形，长4mm；花瓣近长圆形，长2.3cm，宽1cm，先端急尖，基部收狭，边缘有不规则的细齿，5条脉；唇瓣深黄色，基部两侧为紫红色条纹，近圆形，长2.2cm，宽2.5cm，先端凹缺，边缘有啮

图 1-34 黄花石斛

蚀状细齿，上面有短毛密布；蕊柱很短，长 5mm，且有长约 4mm 的蕊柱足；药帽圆锥形，顶端钝，有细乳突密布，前端边缘有不整齐的齿。蒴果长圆柱形，长 6~7cm，粗 5~6mm，有长约 1cm 的柄。花期 3 月，果期 7 月。

细茎石斛（图 1-35、图 1-36）：为多年生草本。茎直立，为细圆柱形，长 10~20cm，或更长，粗 3~5mm，多节，节间长 2~4cm，干后金黄色或黄色带深灰色。叶数枚，二列，互生于茎的中部以上，披针形或长圆形，长 3~4.5cm，宽 5~10mm，先端钝且稍不等侧 2 裂，基部下延为抱茎的鞘；总状花序 2 至数个，生于茎中部以上有叶和落了叶的老茎上，1~3 朵花；花序柄长 3~5mm；花苞片干膜质，浅白色带褐色斑块，卵形，长 3~4（~8）mm，宽 2~3mm，先端钝；花梗和子房纤细，长 1~2.5cm；花黄绿色、白色或白色带淡紫红色，芳香；萼片和花瓣相似，卵状长圆形或卵状披针形，长（1~）1.3~1.7（~2.3）cm，宽（1.5~）3~4（~8）mm，先端锐尖或钝，5

图 1-35　细茎石斛

图 1-36　细茎石斛

条脉；侧萼片基部歪斜而贴生于蕊柱足；萼囊圆锥形，长 4~5mm，宽约 5mm，末端钝；花瓣通常比萼片稍宽；唇瓣白色、淡黄绿色或绿白色，带淡褐色或紫红色至浅黄色斑块，整体轮廓卵状披针形，比萼片稍短，基部楔形，3 裂；侧裂片半圆形，直立，围抱蕊柱，边缘全缘或有不规则的齿；中裂片卵状披针形，先端锐尖或稍钝，全缘，无毛；唇盘在两侧裂片之间有短柔毛密布，基部有 1 个椭圆形胼胝体，近中裂片基部通常有 1 个紫红色、淡褐或浅黄色的斑块；蕊柱白色，长约 3mm；药帽白色或淡黄色，圆锥形，顶端不裂，有细乳突；蕊柱足基部常有紫红色条纹，无毛或稍有毛。花期常 3~5 月。

细叶石斛（图 1-37、图 1-38）：茎直立，质地较硬，圆

图 1-37 细叶石斛

图 1-38　细叶石斛

柱形或有基部上方有数个节间膨大而形成纺锤形，长 80cm，粗 2~20cm，分枝，有纵槽或条棱，干后深黄色或橙黄色，有光泽，节间长 4.7cm。叶 3~6 枚，互生于主茎和分枝的上部，狭长圆形，长 3~10cm，宽 3~6mm，先端钝且不等侧 2 裂，基部有革质鞘。总状花序长 1~2.5cm，有 1~2 朵花，花序柄长 5~10mm；花苞片膜质，卵形，长约 2mm，先端急尖；花梗和子房淡黄绿色，长 12~15mm，子房稍扩大；花质地厚，稍有香气，展开，金黄色，仅唇瓣侧裂片内侧有少数红色条纹；中萼片卵状椭圆形，长（1~）1~8~2.4cm，宽

（3.5~）5~8mm，先端急尖，7 条脉；侧萼片卵状披针形，与中萼片等长，但稍较狭，先端急尖，7 条脉；萼囊短圆锥形，长约 5mm。花瓣斜倒卵形或近椭圆形，与中萼片等长而较宽，先端锐尖，7 条脉，唇瓣长宽相等，1~2cm，基部有 1 个胼胝体，中部 3 裂；侧裂片围抱蕊柱，近半圆形，先端圆形；中裂片近扁圆形或肾状圆形，先端锐尖；唇盘浅绿色，从两侧裂片之间到中裂片上有短乳突状毛密布；蕊柱长约 5mm，基部稍扩大，有长约 6mm 的蕊柱足；蕊柱齿近三角形，先端短而钝；药帽斜圆锥形，表面光滑，前面有 3 条脊，前端边缘具细齿。花期 5~6 月。

密花石斛（图 1–39、图 1–40）：茎粗壮，棒状或纺锤形，长 25~40cm，粗 2cm，下部收狭为细圆柱形，不分枝，数节和 4 个纵棱，有时棱不明显，干后淡褐色且带光泽；叶 3~4 枚，近顶生，革质，长圆状披针形，长 8~17cm，宽 2.6~6cm，先端急尖，基部不下延为抱茎的鞘。总状花序从前一年或 2 年生具叶的茎上端发出，下垂，密生许多花，花序柄基部被 2~4 枚鞘；花苞片纸质，倒卵

图 1–39　密花石斛

图 1–40　密花石斛

图 1-41　霍山石斛

图 1-42　霍山石斛

形，长 1.2~1.5cm，宽 6~10mm，先端钝，具约 10 条脉，干后多少席卷；花梗和子房白绿色，长 2~2.5cm；花开展，萼片和花瓣淡黄色；中萼片卵形，长 1.7~2.1cm，宽 8~12mm，先端钝，具 5 条脉，全缘；侧萼片卵状披针形，近等大于中萼片，先端近急尖，具 5~6 条脉，全缘；萼囊近球形，宽约 5mm；花瓣近圆形，长 1.5~2cm，宽 1.1~1.5cm，基部收狭为短爪，中部以上边缘具啮齿，具 3 条主脉和许多支脉；唇瓣金黄色，圆状菱形，长 1.7~2.2cm，宽达 2.2cm，先端圆形，基部具短爪，中部以下两侧围抱蕊柱，上面和下面的中部以上密被短绒毛；蕊柱橘黄色，长约 4mm；药帽橘黄色，前后压扁的半球形或圆锥形，前端边缘截形，并且具细缺刻。花期 4~5 月。

霍山石斛（图 1-41、图 1-42）：茎直立，肉质，长 3~9cm，从基部上方向上逐渐变细，基部上方粗 3~18mm，不分枝，3~7 节，节间长 3~8mm，淡黄绿色，有时带淡紫红色斑点，干后淡黄色。叶革质，2~3 枚互生于茎的上部，斜出，舌状长圆形，长 9~21cm，宽 5~7mm，先端钝并且微凹，基部有抱茎的鞘；叶鞘膜质，宿存。总状花序 1~3 个，从落了叶的老茎上部发出，1~2 朵花；花序柄长 2~3cm，基部有 1~2 枚鞘；鞘纸质，卵状披针形，长 3~4mm，先端锐尖；花苞片浅白色带栗色，卵形，长 3~4mm，先端锐尖；花梗和子房浅黄绿色，长 2~2.7cm；花淡黄绿色，展开；中萼片卵状披针形，长 12~14mm，宽 4~5mm，先端钝，5 条脉；侧萼片镰状披针形，长 12~14mm，宽 5~7mm，先端钝，基部歪斜；萼囊近矩形，长 5~7mm，末端近圆形；花瓣卵状长圆形，通常长 12~15mm，宽 6~7mm，先端钝，5 条脉；唇瓣近菱形，长和宽约相等，1~1.5cm、基部楔形且有 1 个胼胝体，上部稍 3 裂，两侧裂片之间有短毛密生，近基部处有长白毛密生；中裂片半圆状三角形，先端近钝尖，基部有长白毛密生且有 1 个黄色横椭圆形的斑块；蕊柱淡绿色，长约 4mm，有长 7mm 的蕊柱足；蕊柱足基部黄色，有长白毛密生，两侧偶然有齿突；药帽绿白色，近半球形，长 1.5mm，顶端微凹。花期 5 月。

图 1-43　大苞鞘石斛

图 1-44　大苞鞘石斛

大苞鞘石斛（图 1-43、图 1-44）：斜立或下垂，肉质状肥厚，圆柱形，长 16~46cm，粗 7~15mm，不分枝，多节；节间稍有肿胀呈棒状，长 2~4cm，干后硫磺色带污黑。叶薄革质，二列，狭长圆形，长 5.5~15cm，宽 1.7~2cm，先端急

图 1-45　兜唇石斛

尖，基部具鞘；叶鞘紧抱于茎，干后鞘口常张开。总状花序从落了叶的老茎中部以上部分发出，1~3 朵花；花序柄粗短，长 2~5mm，基部 3~4 枚宽卵形的鞘；花苞片纸质，大型，宽卵形，长 2~3cm，宽 1.5cm，花端近圆形；花梗和子房白色带淡紫红色，长约 5mm；花大，展开，白色带紫色先端；中萼片长圆形，长 4.5cm，宽 1.8cm，先端钝，8~9 条主脉和多条近横生的支脉；侧萼片与中萼片近等大，先端钝，基部稍歪斜，8~9 条主脉和多条近横生的支脉；萼囊近球形，长约 5mm；花瓣宽长圆形，与中萼片等长而较宽，宽 2.8cm，先端钝，基部有短爪，5 条主脉和许多支脉；唇瓣白色带紫色先端，宽卵形，长约 3.5cm，宽 3.2cm，中部以下两侧围抱蕊柱，先端圆形，基部金黄色且有短爪，两面有短毛密布，唇盘两侧各有 1 个暗紫色斑块；蕊柱长约 5mm，基部扩大；药帽宽，圆锥形，无毛，前端边缘有不整齐的齿。花期 3~5 月。

兜唇石斛（图 1-45、图 1-46）：茎下垂，肉质，细圆柱形，长 30~60（~90）cm，粗 4~7（~10）mm，不分枝，多节；节间长 2~3.5cm。叶纸质，二列互生于整个茎上，披针形或卵状披针形，长 6~8cm，宽 2~3cm，先端渐尖，基部有

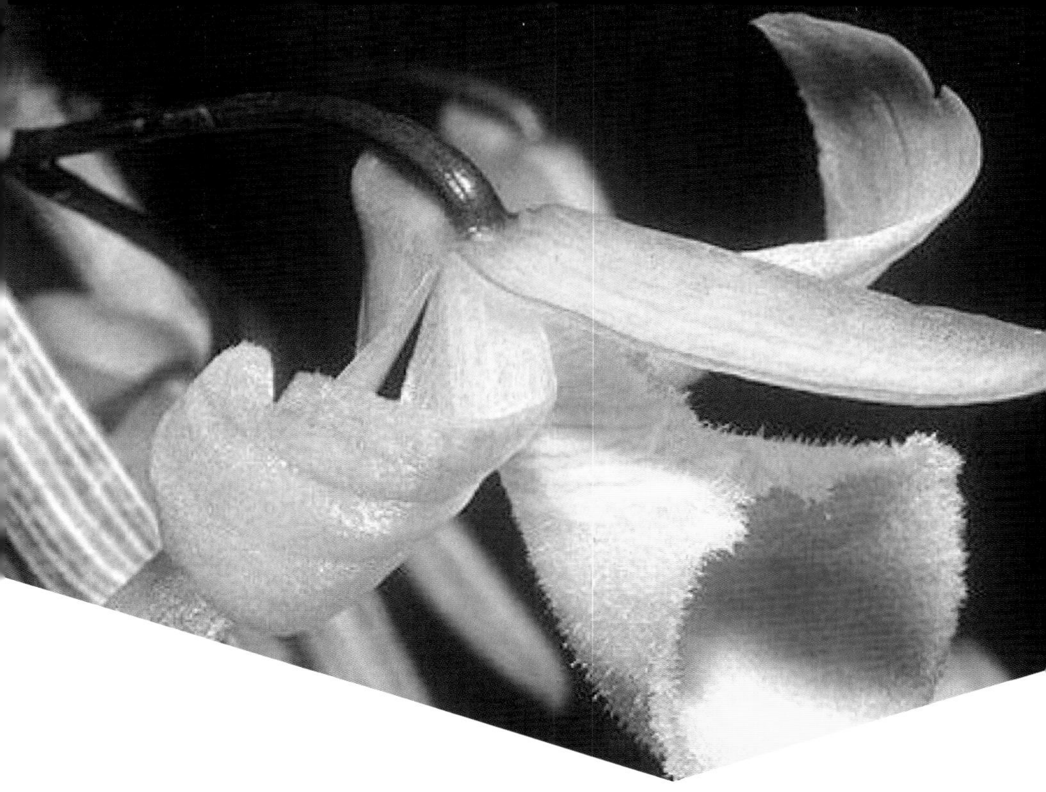

图 1-46 兜唇石斛

鞘；叶鞘纸质，干后浅白色，鞘口呈杯状张开。总状花序几乎无花序轴，每 1~3 朵花为一束，从落了叶或有叶的老茎上发出；花序柄长约 2~5mm，基部有 3~4 枚鞘；鞘膜质，长 2~3mm；花苞片浅白色，膜质，卵形，长约 3mm，先端急尖；花梗和子房暗褐色带绿色，长 2~2.5cm；花展开，下垂；萼片和花瓣白色上部带淡紫红色或浅紫红色或有时全体淡紫红色；中萼片近披针形，长 2.3cm，宽 5~6mm，先端近锐尖，5 条脉；侧萼片相似于中萼片而等大，先端急尖，5 条脉，基部歪斜；萼囊狭圆锥形，长约 5mm，末端钝；花瓣椭圆形，长 2.3cm，宽 9~10mm，先端钝，全缘，5 条脉；唇瓣宽，倒卵形或近圆形，长宽相等，约 2.5cm，两侧向上围抱蕊柱而形成喇叭状，基部两侧为紫红色条纹且收狭为短爪，中部以上为淡黄色，中部以下为浅粉红色，边缘为不整齐的细齿，两面有短柔毛密布；蕊柱白色，其前面两侧有红色条纹，长约 3mm；药帽白色，近圆锥状，顶端稍凹缺，有细乳突状毛密布，前端边缘宽凹缺。硕果狭倒卵形，长约 4cm，粗 1.2cm，有长 1~1.5cm 的柄。花期 3~4 月，果期 6~7 月。

第二节　石斛的分布

一、环境特点

石斛喜温暖、湿润、半阴半阳的环境。为附生性草本植物，多附生于散射光充足的深山老林树干上，常与苔藓植物伴生，不能生长于普通土壤中。调查结果显示，在滇西主产区，只要有苔藓生长的乔木几乎都发现过石斛的生长痕迹，甚至在粗大的藤本植物、古老竹节和岩石上亦有分布，但是，分布的数量和植株生长情况有很大差异，其中，附生的树种主要有旱冬瓜、滇橄榄、红椿、臭椿桢楠、滇木荷、核桃、槲栎等。以旱冬瓜树上生长的石斛最多且生长良好（主要是齿瓣石斛），这与旱冬瓜树皮较厚、多沟槽、树冠茂密度适中等特征有着密切的联系。石斛对温度要求严格，高温环境下茎条细长，低温容易受冻，冬季落叶型石斛（紫皮石斛），落叶后耐干旱。以云南省龙陵县为例，在海拔 1 300~1 800m，年平均气温 14~18℃，极端最高温度 34℃以下，极端最低温度 1℃以上，无霜期 260 d 以上，年日照 2 200~2 500h，年积温 6 400~7 300℃，年降水量 1 200~1 800mm，空气相对湿度 80% 以上的地方适宜石斛生长[2]。

二、地理分布

从全球来看，石斛主要分布在北纬 15° 31′ 至南纬 25° 12′ 之间的热带及亚热带地区，澳大利亚和太平洋岛屿，热带亚洲和太平洋岛屿。生于海拔 480~1 700 m，以年降水量 1 000mm 以上、空气湿度在

80% 以上、1 月平均气温高于 8 ℃的亚热带深山老林中为最佳生长地，对土肥要求尤为严格，野生多在疏松且厚的树皮或树干上生长，有的也生长于石缝中。

我国石斛分布于秦岭、淮河以南，从纬度而言，大部分种都集中在北纬 15° 30′ ~25° 12′，向北延伸种类逐渐减少，最北边界不超过北纬 34° 24′。从垂直上看，海拔在 100~3000 m 的高度都有分布。石斛属植物是以热带东南亚中心向着亚热带性气候条件发展的类群，我国的云南、广西壮族自治区（以下简称广西）、广东、贵州、台湾为国产本属植物的分布中心。云南东南、中部、西部、西南各县市均有分布（龙陵、腾冲、芒市、瑞丽、盈江、勐腊、勐海、河口、金平、凤庆、澜沧、镇康、漾濞等）[2]，并以滇西、滇西南分布最多。目前，人工种植集中在龙陵、芒市、腾冲、瑞丽等县市，以龙陵面积最大；贵州西北部（兴义、罗甸、贵阳、遵义）[3]、广西西北部（隆林、融水）[4]、西藏东南部（墨脱）[5] 也有分布。生于海拔 600~2000m 的山地林中树干上。此外，缅甸、泰国、不丹、印度东北部、越南、尼泊尔等周边国家均有分布 [2]。

我国 76 种石斛分布：

1. 矮石斛 *Dendrobium bellatulum* Rolfe 云南

2. 棒节石斛 *Dendrobium findlayanum* Par. et Rchb. f. 云南

3. 报春石斛 *Dendrobium primulinum* Lindl. 云南

4. 杯鞘石斛 *Dendrobium gratiosissimum* Rchb. f. 云南

5. 草石斛 *Dendrobium compactum* Rolfe. ex W. Hackett 云南

6. 单葶草石斛 *Dendrobium por* pH 值 *yrochilum* Lindl. 广东、我国台湾、云南

7. 叉唇石斛 *Dendrobium stuposum* Lindl. 云南

8. 长瓜石斛 *Dendrobium chameleon* Ames 我国台湾

9. 长距石斛 *Dendrobium longicornu* Lindl. 广西、云南、西藏

10. 长苏石斛 *Dendrobium brymerianum* Rchb. f. 云南

11. 昌江石斛 *Dendrobium changjiangense* S. J. Cheng et S. Z. Tang 海南

12. 翅萼石斛 *Dendrobium cariniferum* Rchb. f. 云南

13. 齿瓣石斛 *Dendrobium devonianum* Paxt. 广西、贵州、西藏、云南

14 翅梗石斛 *Dendrobium trigonopus* Rchb. f. 云南

15. 重唇石斛 *Dendrobium hercoglossum* Rchb. f. 江西、广东、湖南

16. 串珠石斛 *Dendrobium falconeri* Hook. 我国台湾、广西、湖北、云南

17. 兜唇石斛 *Dendrobium a* pH 值 *yllum* (Roxb.) C. E. Fischer 广西、云南、贵州

18. 大苞鞘石斛 *Dendrobium wardianum* Warner 云南

19. 刀叶石斛 *Dendrobium terminale* Par. & Rchb. F. 广东

20. 迭鞘石斛 *Dendrobium chryseum* Rolfe. 我国台湾、海南、云南等

21. 短棒石斛 *Dendrobium capillipes* Rchb. f. 云南

22. 反瓣石斛 *Dendrobium ellipso* pH 值 yllum T. Tang et F. T. Wang 云南

23. 高山石斛 *Dendrobium infundibulum* Lindl. 云南

24. 钩状石斛 *Dendrobium aduncum* Wall. ex Lindl. 广东、海南等

25. 杓唇石斛 *Dendrobium moschatum* (Buch.–Ham.) Sw. 云南、贵州等

26. 鼓槌石斛 *Dendrobium chrysotoxum* Lindl. 云南

27. 广东石斛 *Dendrobium wilsonii* Rolfe. 广东、福建、云南等地

28. 海南石斛 *Dendrobium hainanense* Rolfe. 海南、云南

29. 黑毛石斛 *Dendrobium wiuiamsonii* Day & Rchb. f. 海南、广西、

云南

30. 红花石斛 *Dendrobium miyakei* Schltr. 我国台湾、云南

31. 喉红石斛 *Dendrobium christyantum* Rchb. f. 广东、海南、广西、云南

32. 华石斛 *Dendrobium sinense* T. Tang & F. T. Wang 海南、香港

33. 黄花石斛 *Dendrobium dixanthum* Rchb. f. 云南

34. 霍山石斛 *Dendrobium huoshanense* C.Z.Tang et S.J.Cheng 安徽

35. 黄石斛 *Dendrobium tosaense* Makino 我国台湾、江西

36. 尖刀唇石斛 *Dendrobium heterocarpum* Wall. ex Lindl. 云南

37. 剑叶石斛 *Dendrobium acinaciform* Roxb. 福建、广西、云南

38. 金钗石斛 *Dendrobium nobile* Lindl. 我国台湾、四川、海南、湖北、云南等

39. 金耳石斛 *Dendrobium hookerianum* Lindl. 我国台湾、西藏

40. 晶帽石斛 *Dendrobium crystallinum* Rchb. f. 云南

41. 景洪石斛 *Dendrobium exile* Schltr. 云南

42. 矩唇石斛 *Dendrobium linawianum* Rchb. f. 我国台湾、广西

43. 具槽石斛 *Dendrobium sulcatum* Lindl. 云南

44. 聚石斛 *Dendrobium lindleyi* Stendel 广东、海南、广西

45. 喇叭唇石斛 *Dendrobium lituiflorum* Lindl. 广西

46. 菱唇石斛 *Dendrobium leptocladum* Hayata 我国台湾

47. 流苏石斛 *Dendrobium fimbriatum* Hook 广西、云南、贵州

48. 卵唇石斛 *Dendrobium eriiflorum* 西藏

49. 罗河石斛 *Dendrobium lohohense* T. Tang & F. T. Wang 广东、湖北、四川

50. 玫瑰石斛 *Dendrobium crepidatum* Lindl.ex Paxt. 云南、贵州

51. 美花石斛 *Dendrobium loddigesii* Rolfe 海南、广东、贵州、云南等地

52. 勐海石斛 *Dendrobium minutiflorum* S. C. Cheg et Z. H. Tsi 云南

53. 密花石斛 *Dendrobium densiflorum* Wall. 海南、广西、西藏、云南

54. 球花石斛 *Dendrobium thyrsiflorum* Rchb.f. ex Andr é 广西、云南

55. 曲茎石斛 *Dendrobium flexicaule* Z. H. Tsi，S. C. Sun & L. G. Xu 湖北、四川

56. 曲轴石斛 *Dendrobium gibsorii* 广西、云南

57. 梳唇石斛 *Dendrobium strongylanthum* Rchb.f. 海南、云南

58. 疏花石斛 *Dendrobium henryi* Schltr. 广西、湖南、云南

59. 束花石斛 *Dendrobium chrysanthum* Lindl. 广西、云南、贵州、西藏

60. 双花石斛 *Dendrobium furcatopedicellatum* Hayata 我国台湾、云南

61. 苏瓣石斛 *Dendrobium harveyanum* Rchb.f. 云南

62. 铁皮石斛 *Dendrobium officinale* Kimura et Migo 安徽、浙江、云南、四川

63. 针叶石斛 *Dendrobium pseudotenellum* Guillaum. 云南

64. 西畴石斛 *Dendrobium xichouense* S. J. Cheng et C. Z. Tang 云南

65. 细茎石斛 *Dendrobium moniliforme*（L.）Sweet. 浙江、甘肃、云南等地

66. 细叶石斛 *Dendrobium hancockii* Rolfe 广西、云南、河南、甘肃、陕西

67. 小双花石斛 *Dendrobium somai* Hayata 我国台湾

68. 小黄花石斛 *Dendrobium jenkinsii* Wall. ex Lindl. 云南

69. 燕石斛 *Dendrobium equitans* Kraenzl. 我国台湾

70. 樱花石斛 *Dendrobium moulmeinense* 云南

71. 木石斛 *Dendrobium crumenatum* Sw. 我国台湾

72. 藏南石斛 *Dendrobium monticola* P. F. Hunt et Summerh 西藏

73. 昭觉石斛 *Dendrobium zhaojuuens* 四川

74. 肿节石斛 *Dendrobium pendulum* Roxb. 云南

75. 竹枝石斛 *Dendrobium salaccense*（Bl.）Lindl. 海南、云南

76. 紫瓣石斛 *Dendrobium parishii* Rchb.f. 云南、贵州

参考文献

[1] 明兴加，王娟，王海军等 . 齿瓣石斛不同营养器官多糖含量测定 [J]. 时珍国医国药，2010，21（5）：1 072-1 073.

[2] 明兴加，刘家保，钟国跃等 . 珍稀齿瓣石斛的生物学特性及其野生资源保护 [J]. 中国野生植物资源，2011，12：23-26.

[3] 冉懋雄 . 石斛 [M]. 北京：科学技术文献出版社，2009，18.

[4] 雷衍国，缪剑华，赖家业等 . 桂西北三地野生石斛属资源调查研究 [J]. 安徽农业科学，2008，36（23）：9 963-9 964.

[5] 中国科学院中国植物志编辑委员会 . 中国植物志（第十九卷）[M]. 北京：科学出版社，1999，9：105-106.

第二章 石斛的化学成分及功能活性

第一节 石斛的化学成分

石斛化学成分类型多样化，其可以分为两大类：营养成分和功能成分。营养成分包括水分、灰分、蛋白质、脂肪、粗纤维、氨基酸、微量元素（锌、钾、钙、镁、铁、锰、锶、钛、铜）等；功能成分包括多糖、生物碱、多酚、黄酮等。

一、石斛的营养成分

石斛的营养成分包括水分、灰分、蛋白质、脂肪、粗纤维、氨基酸、微量元素（锌、钾、钙、镁、铁、锰、锶、钛、铜）等。

水分、灰分、蛋白质、脂肪、粗纤维是植物中最基本的营养成分。石斛中水分含量较高，灰分、粗纤维的含量不同品种有较大的差异，蛋

白质、脂肪含量较低。

在对中草药药理活性物质的探索中发现，微量元素、氨基酸与药性有着密切的关系。1995 年吴庆生等[1]对石斛的微量元素和游离氨基酸含量做了分析，结果表明，石斛中的 Ca、Mg、K 含量都较高，P 含量都偏低，石斛几乎含有人体所需所有必需元素，其中 Zn、Cu、Fe、Mn、Sr 相对含量较高。游离的氨基酸也是石斛中的主要有效成分之一，石斛含有人体必需的 7 种氨基酸，黄民权等[2]分析了石斛的氨基酸组分，结果发现石斛含有除色氨酸（测定前已破坏，无法检出）以外的全部人体“必需氨基酸”，其主要氨基酸有天冬氨酸，谷氨酸、甘氨酸、缬氨酸和亮氨酸，这 5 种氨基酸占总氨基酸的 53.0%。后两种是人体“必需氨基酸”。

石斛不同部位中营养成分的含量有所区别，于力文等[3]对安徽霍山 3 种石斛即霍山石斛（D. huoshanense）、铜皮石斛（D. moniliforme）和铁皮石斛的叶、根及不同生长时间茎中的重要营养成分进行了测定，发现可溶性多糖在 3 种石斛中的分布规律均为叶≥根≥茎，且霍山石斛一、二、三年生的茎中可溶性多糖含量均高于铜皮石斛和铁皮石斛相应茎中的含量。

二、石斛的功能成分

（一）石斛中的多糖

石斛的黏稠度很高，其原因是石斛含有较多的多糖类成分，总多糖含量最高一般为 30%~45%。按照石斛药材传统的质量标准“质重，嚼之黏牙，味甘，无渣者为优”，石斛的质量好坏常以多糖含量的高低来判断。

自 1976 年 Dahjnren 从聚石斛 D. aggregatum 中分离出多糖之后。研究者们对石斛中的多糖展开研究，主要集中在分离纯化、结构鉴定、含量分析与活性研究等方面，取得了一定的进展。

1. 石斛中多糖结构的研究进展

在多糖的结构方面，黄民权等[4]研究了铁皮石斛多糖的提取、初步分离以及应用薄层层析法对单糖组分作了鉴定，发现铁皮石斛多糖由D–木糖、L–阿拉伯糖和D–葡萄糖等单糖组成。黄民权等[5]对6种石斛即钩状石斛（*D. aduncum*）、束花石斛（*D. chrysanthum*）、美花石斛（*D. loddigesii*）、铁皮石斛、紫瓣石斛（*D. Parishii*）和流苏石斛（*D. fimbriatum*）的水溶性多糖的单糖组分进行分析，发现6种多糖的单糖组分均含有D–木糖和D–葡萄糖，但也存在显著性差异，表现为是否含有L–阿拉伯糖、D–果糖和D–甘露糖。

王世林等[6]从铁皮石斛（黑节草）中分得3种多糖即Ⅰ、Ⅱ、Ⅲ，它们的结构为一类O–乙酰葡萄甘露聚糖，主链由几个β–（1→3）–D–甘露型吡喃糖基和一个β–（1→4）–D–吡喃葡萄糖基重复构成，支链可能由β–（1→4）–D–吡喃葡萄糖基和其他戊糖基组成，支链连接在主链葡萄糖基的2、3或6位上；三个多糖的分子量分别为1×10^6、5×10^5和1.2×10^5。

Hua[7]等从铁皮石斛中分离得到一个结构为O–乙酰葡萄甘露聚糖类型的多糖，主链由β–（1→4）–甘露型吡喃糖基和α–吡喃葡萄糖基重复构成，支链由（1→3）–甘露糖基、（1→3）–葡萄糖基和少量的阿拉伯呋喃糖基组成，支链连接在主链末端糖基的6位上；（1→4）–甘露糖基和葡萄糖基的2位被乙酰化；单糖组成为甘露糖、葡萄糖和阿拉伯糖按40.2：8.4：1的摩尔比例组成。

杨虹等[8]从铁皮石斛中分离得到两个多糖即DT2和DT3，分子量分别为7.4×10^5和5.4×10^5；单糖组成主要为葡萄糖、半乳糖、木糖及少量的阿拉伯糖和甘露糖，摩尔比分别为5.9：1，0：1，0：0，8：0.5和7.9：1，3：1，0：0，5：0.7。DT2和DT3的结构主要以α–（1→4）–D–Glc缩合而成，末端糖为$-^1$Gal，$-^1$Glc及$-^1$Ara，葡萄糖和半乳糖上含有少量的分支，并含少量的木糖、阿拉伯糖、甘露糖；两者的差别主要在于支链的长短和连接位置不尽相同，但两者的重复单元及支链的长短、位置还有待于进一步的研究。

何铁光等[9]对铁皮石斛原球茎中的多糖 DCPP1a-1 进行研究，发现 DCPP1a-1 为均一组分，具有 α-吡喃糖苷键，分子中 1→6 键、1→2 /1→4 键、1→3 键所占的比例分别为 4.0%、52.1%、44.9%，平均相对分子质量为 189 000，甘露糖和葡萄糖按 7.015∶1 的摩尔比组成，DCPP1a-1 是首次从石斛原球茎中分离出的新型多糖。

1994 年，赵永灵等[10]从兜唇石斛中分离得到 3 个多糖 AP-1、AP-2、AP-3，通过用化学法和光谱分析其分子量分别为 86300、61500、43100；AP 为 β-（1→4）连接的、含 O-乙酰基的、吡喃型的直链 D-葡萄甘露聚糖。

2003 年，陈云龙等[11~13]从细茎石斛中分离得到 8 种均一多糖，DMP1a-1，DMP1a-2，DMP2a-1，DMP3a-1，DMP4a-1m，DMP5a-1，DMP6a-1 和 DMP7a-1，这 8 种多糖是首次从细茎石斛中分离得到；其中 DMP1a-1 的相对分子质量为 28 000，葡萄糖、甘露糖组成摩尔比为 1∶4.798，红外光谱数据显示为 β-D-吡喃型葡萄甘露聚糖。陈璋辉等[14]研究细茎石斛中的酸性多糖 DMP4a-1，其平均相对分子质量为 3049，主要由葡萄糖、甘露糖、鼠李糖、阿拉伯糖和半乳糖组成，是一种 β-D-吡喃杂多糖，在结构上与抗肿瘤多糖相似，富含糖苷键，具有免疫增强功能。

霍山石斛水溶性多糖中分离出一种具有免疫活性的均一性多糖 HPS-1B23[15,16]。该多糖为 α-吡喃构型，平均分子量为 2.2×10^4 Da，由葡萄糖、甘露糖和半乳糖按 31∶10∶8 的分子摩尔比组成，含有以下 6 个重复单元（图 2-1）。Hsieh 等[17]也从霍山石斛中分离出一种均一性免疫活性多糖（图 2-2）。

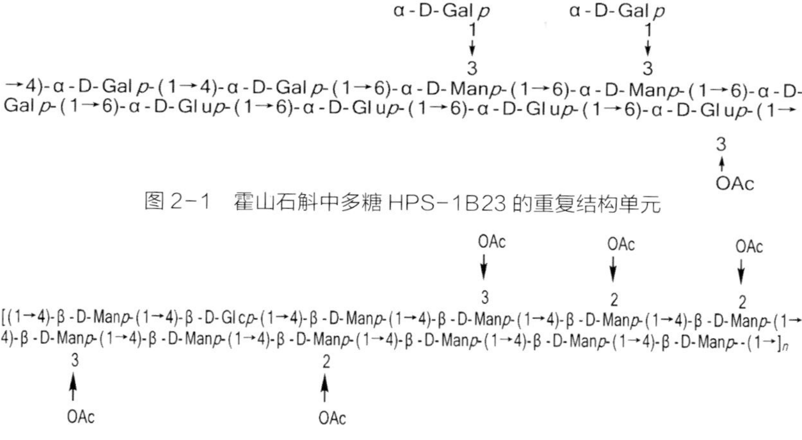

图 2-1　霍山石斛中多糖 HPS-1B23 的重复结构单元

图 2-2　霍山石斛中多糖的一种重复结构单元

2. 石斛中多糖含量的研究进展

1990 年李满飞等[18]测定了 25 种石斛 36 个样品中多糖的含量，发现不同种间多糖的含量差别极大，产于广西的一级加工品枫斗中多糖的含量高达 45.89%，比原植物铁皮石斛（*D. candidum*）中多糖含量高了一倍多，而产于贵州的细叶石斛（*D. hancockii*）中多糖含量仅有 6.20%。此外，还发现凡达到传统标准“质重，嚼之黏牙，味甘，无渣者为优”的样品多糖含量均高于 30%。

华允芬等[19~20]对三种药用石斛即细茎石斛（*D. moniliforme*）、铁皮石斛、细叶石斛的多糖成分进行了比较研究，分析表明铁皮石斛的总多糖和水溶性多糖的质量分数均为最高，细叶石斛的水溶性多糖质量分数明显低于其他两种；3 种石斛均含有较高的总多糖，但在各部位分布情况有差异：细茎石斛有高到低依次为上、下、中、根部，细叶石斛依次为上、中、下、根部，铁皮石斛为中、上、下、根部；水溶性多糖质量分数以铁皮石斛和细茎石斛为高，细叶石斛仅为前两者的 1/3，且分布情况也有较大的差异。

石斛不同部位以及不同的生长状态多糖含量有所不同，吴庆生等[21]对金钗石斛茎的上、中、下各段有效成分含量包括多糖进行了测定，发现多糖含量以茎上段为最高。陈仕江等[22]研究发现，植物生长调节剂也会对石斛的多糖含量产生影响，用一定浓度的两种植物生长调节剂 6–BA 和 GA–3 浸根处理金钗石斛（*D. nobile*），可使金钗石斛可溶性总多糖的含量增加。

不同加工方法多糖含量有较大差异，张萍等[23]通过研究发现，酶法与水煮法相比，多糖含量明显提高，水煮法多糖含量为 7%~8%，酶法可以使多糖的含量增加到 15.02%，比水煮法提高了 2 倍。陈立钻等[24]通过对比铁皮石斛传统加工品与机械加工品多糖的含量来探索铁皮石斛机械化加工代替传统手工方法的可行性，研究发现两种加工品的有效成分多糖的含量无明显的差异，用机械加工法不影响药材质量，机械加工法可以代替传统手工加工法。

（二）石斛中的生物碱

1. 石斛中生物碱结构的研究进展

生物碱类成分是最早从石斛属植物中分离得到的化合物，也是最早受到关注和研究的化学成分[25]。1932 年，铃木秀干等[26]首次从金钗石斛中获得生物碱，命名为石斛碱（dendrobine）。其后，1935 年，Chen 等[27]再次从金钗石斛中获得该成分。直至 1964 年 Inubushi 等[28,29]从金钗石斛中分离得到石斛碱、石斛氨碱（dendramine）和一季铵碱 N– 甲基石斛碱以后，才证明石斛碱为倍半萜类生物碱，并确定了结构。

在此之后，国内外学者相继在石斛中发现了许多新的生物碱。如 1973 年，Blomqvist 等[30]从大苞鞘石斛 *D. wardianum Warner* 分离到一种季碱，命名 dendrowardine。1991 年，李满飞等[31]从美花石斛 *D. loddigesii Rolfe* 中分离出两种苯酞吡咯烷类生物碱，分别命名为石斛宁（shihunine）、石斛宁定（shihunidine），而后者是前者在提取过程中发生结构变化产生的变异产物。到目前为止，共从 13 种石斛中分离获得 33 种生物碱，其中包括石斛碱类生物碱（即倍半萜类生物碱）19 个，如石斛碱（dendrobine）、石斛次碱（nobilonine，nobiline）、6– 羟基石斛碱（6–hydroxydendrobine，dendramine）、石斛醚碱（dendroxine）、6– 羟基石斛醚碱、4– 羟基石斛醚碱、石斛酯碱（dendrine）及次甲基石斛素（nobilmethylene）等；非石斛碱类生物碱 14 个，包括 Elander 等[32]从玫瑰石斛 *D. crepidatum* 分离出的吲哚联啶类生物碱 crepidine、crepidamine、dencrocrepine 和 isocreprdamine；Luning 等[33]从束花石斛 *D. chrysanthum* 中分离出的四氢吡咯类生物碱 hygrine（古豆碱）等；以及 Inubushi 等[34]从罗河石斛 D. lohohense Tang et Wang 中分离出的石斛宁等。这 33 个生物碱类成分（化合物 1~33）的结构如图 2–3 所示。

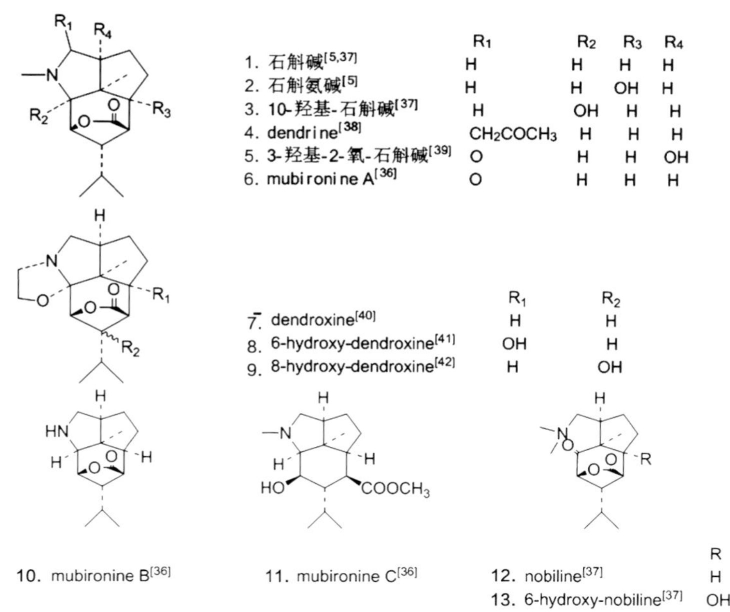

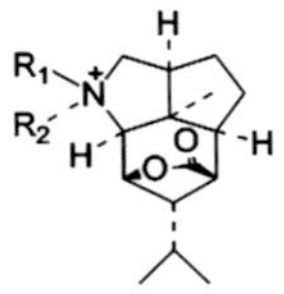

	R_1	R_2
14. N-甲基石斛碱[5,43]	CH_3	CH_3
15. 石斛碱-N-氧化物[43]	$-CH_3O--$	
16. N-异戊烯石斛碱[43]	CH2CH=C(CH3)2	CH_3

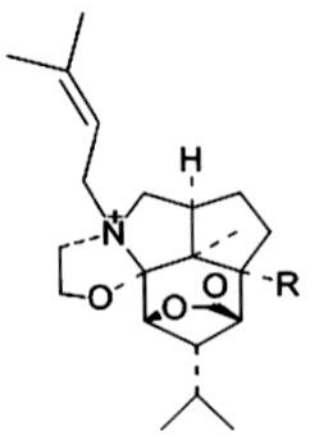

	R
17. N-异戊烯dendroxine[43,44]	H
18. N-异戊烯-6-羟基-dendroxine[43,44]	OH

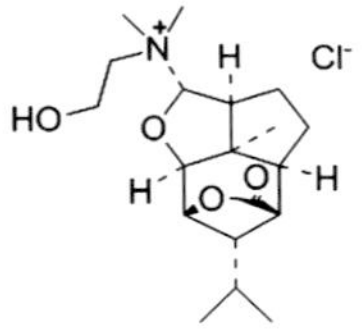

19. dendrowardine[45]

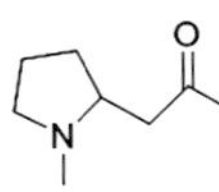

20. hygrine[46]

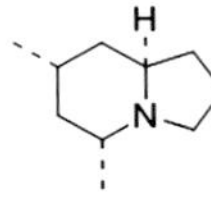

21. dendroprimine[46,47]

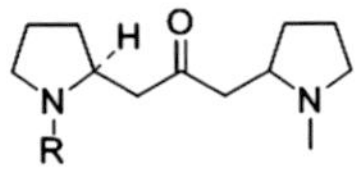

	R
22. cis-dendrochrysine[48]	顺式-桂皮酰
23. trans-dendrochrysine[48]	反式-桂皮酰

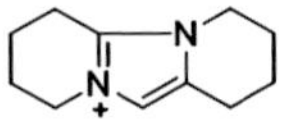

24. dendroparine[49]

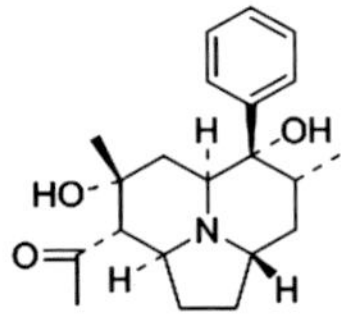

25. crepidine[50,51]

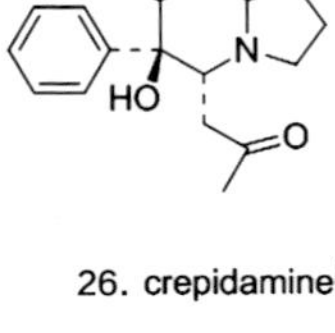

26. crepidamine[51]

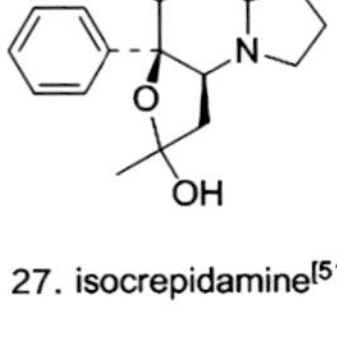

27. isocrepidamine[51]

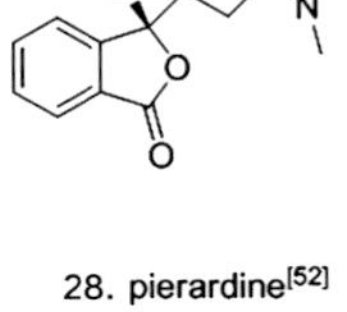

28. pierardine[52]

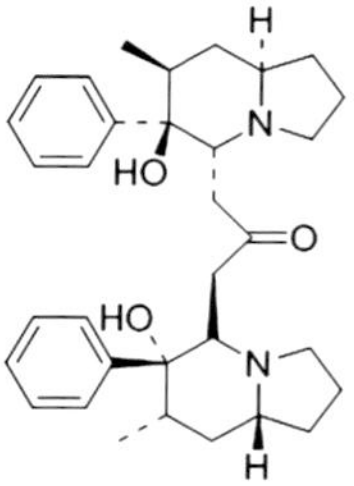

29. dendrocrepine[51] 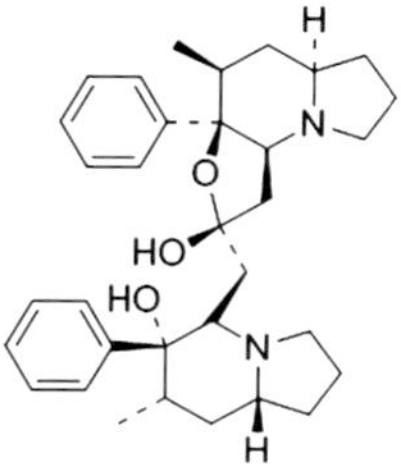　　30. isodendrocrepine[51] 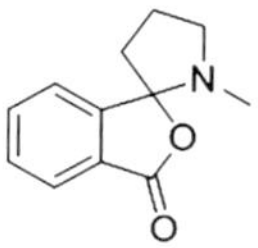　　31. shihunine[51]

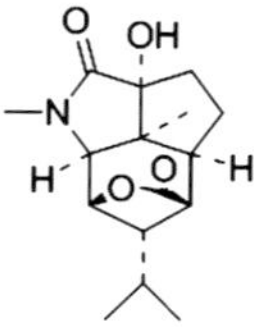

32. dendronobiline A [35] 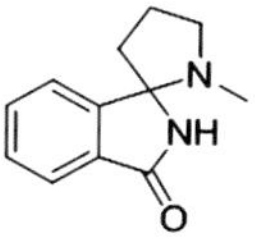　　33. shihunidine[31]

图 2-3 石斛中生物碱的结构

2. 石斛中生物碱含量的研究进展

据文献报道，石斛中生物碱的含量一般较低。Chen 等[27]测得金钗石斛中的总生物碱含量为 0.52%；金蓉鸾等[54]通过测定 11 种石斛的总生物碱，发现凡性状鉴别时具苦味的石斛植物中总生物碱的含量较高，其中金钗石斛中的总生物碱含量最高。丁亚平等[55]测定了 3 种石斛中总生物碱的含量，并对其分布规律进行了研究，发现霍山石斛、铜皮石斛和铁皮石斛茎部总生物碱的含量依次为 0.0291%、0.0280% 和 0.0240%；从部位分析生物碱的含量，发现 3 种石斛的生物碱含量都呈现叶 > 茎（成熟期）≈根的规律。其后，丁亚平等[56]又对不同生长年份的霍山石斛的生物碱及多糖等成分的含量进行检测，发现两年生的茎的抗氧化能力最强，若兼顾增强免疫与清肝明目两个方面，则采收期为第三年秋季最佳。另外，不同的炮制方法也影响石斛药材加工品的生物碱含量，陈照荣等[57]比较了 3 种炮制品中石斛碱的含量，发现酒炙石斛的生物碱溶出率明显高于其他方法，并且能节约时间。

（三）石斛中的菲类及其衍生物

Stilbenoids 是具有 1，2- 二苯乙烯母核或其聚合物的天然产物总称。近年来，大量的该类化合物从石斛属植物中分离得到，主要为菲类及其联节类的衍生物[58]。目前，已分到菲类化合物 24 个（化合物 34~57），分到的具有联苄类母核的化合物 26 个（化合物 58~83），化合物结构见图 2-4 和图 2-5。

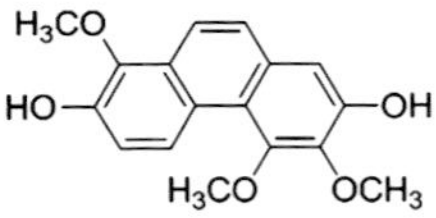

34.confusarin[60~61]

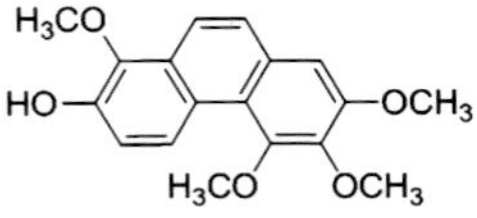

35.chrysotoxene[60]

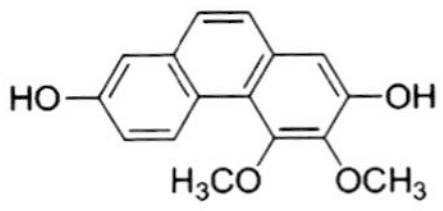

36.nudo[62]

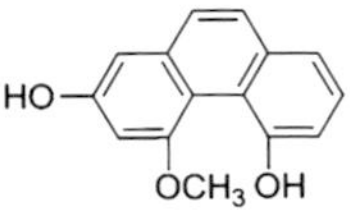

37.moscatin[62~65](plicatol B)[67]

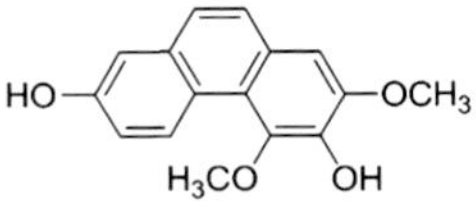

38.epheranthol B[66]

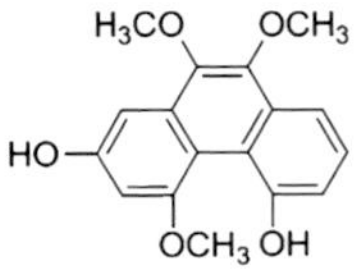

39.plicatol A[67]

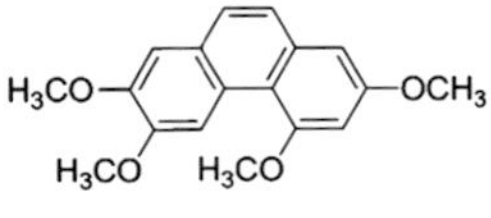

40. callosuminin[68]

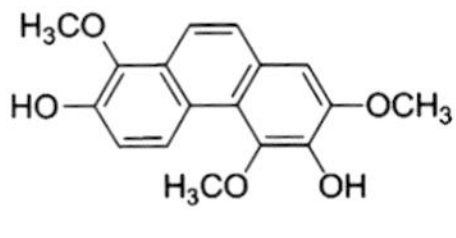

41. 2,6-dihydroxy-1,5,7-trimethophenanthrene[59]

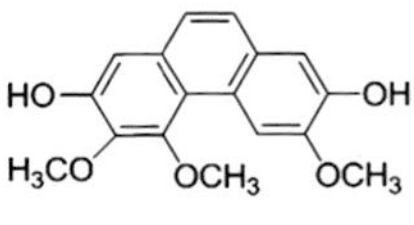

42. 2,7-dihydroxy-3,4,6-trimethophenanthrene[69]

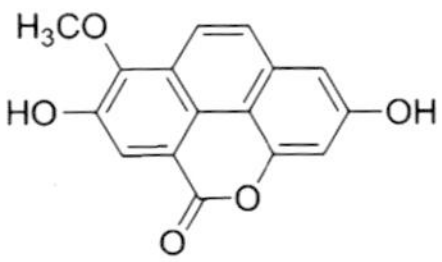

43. 2,7-dihydroxy-8-methoxyphenanthro[4,5-*bcd*]pyran-5(5*H*)-one[70,71]

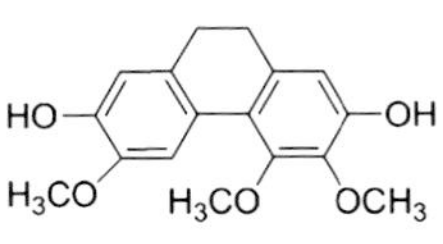

44. 2,7-dihydroxy-3,4,6-trimethoxy-9,10-dihydrophenanthrene[62]

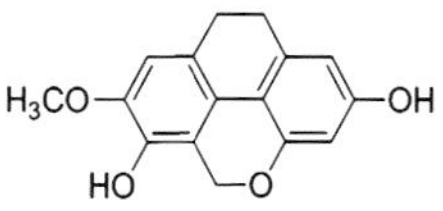

45. amoenumin[72]

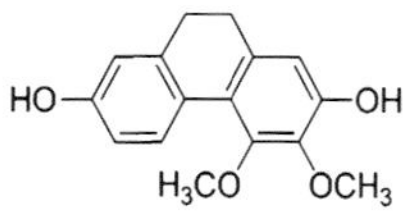

46. erianthridin[66]

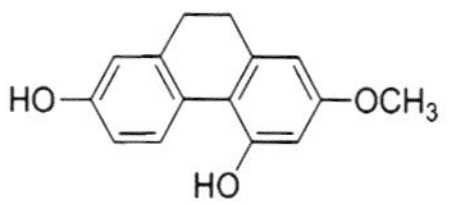

47. 4,7-dihydroxy-2-methoxy-9,10-dihydrophenanthrene(lusianthridin)[66]

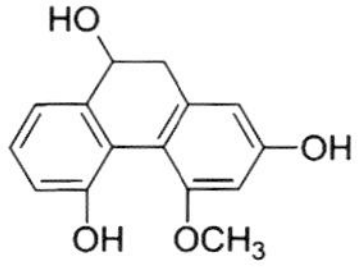

48. plicatol C[72]

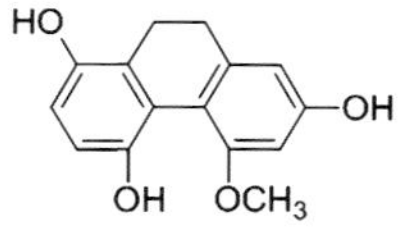

49. rotundatin[25]

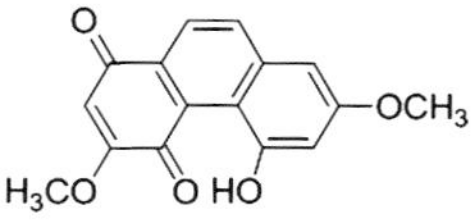

50. denbinobin[73]

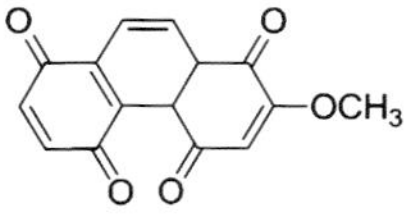

51. moniliformin[74]

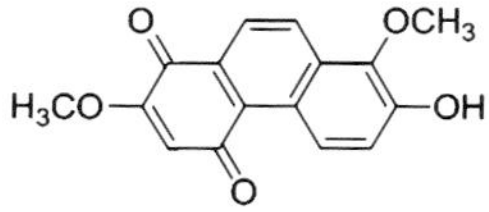

52. crypripedin[69]

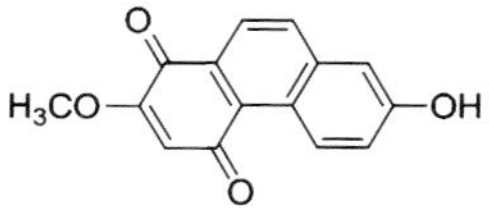

53. densiflorol[69]

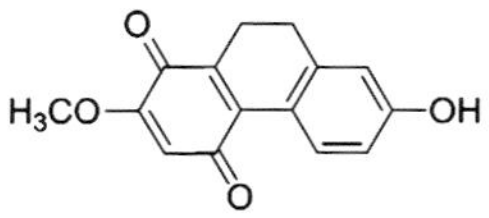

54. ephemeranthoquinone[66]

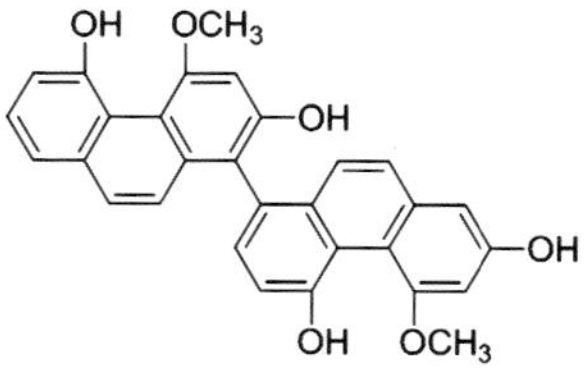

55. denthyrsinol[75]

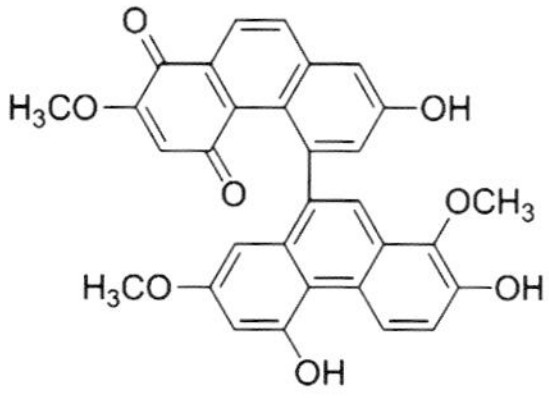

56. denthyrsinone[75]

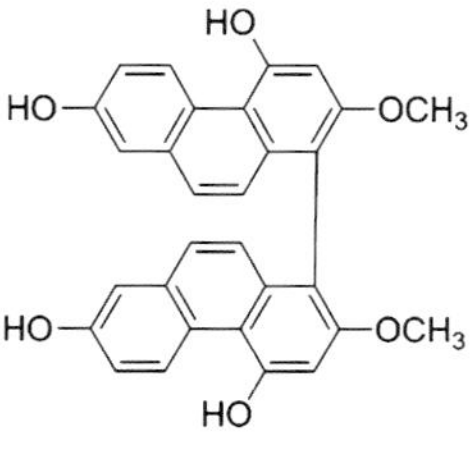

57. 2,2'-dimethoxy-4,4',7,7'-tetrahydroxy-9,9',10,10'-tetrahydro-1,1'-biphenanthrene[66]

图 2-4　石斛中菲类化合物的结构

58. amoenylin[72]

59. isoamoenylin[72]

60. moscatilin[63]

61. chrysotobibenzyl[60,61]

62. crepidatin(erianin)[60]

63. cumulatin[68]

64. tristin[68]

65. 3,4′-dihydroxy-5-methoxy-bibenzyl[76]

66. gigantol[77]

67. densiflorol A[76]

68. chrysotoxine[61]

69. 3,4-dihydroxy-4′,5-dimethoxy-bibenzyl[78]

70. batatasin[62,63]

71. 3-O-methylgigantol[66]

72. batatasin III[68,79]

73. 4,5-dihydroxy-3,3′-dimethoxy-bibenzyl[80]

74. 4-hydroxy-3,3′,5-trimethoxy-bibenzyl[80]

75. nobilin A[81]

76. nobilin B[81]

77. nobilin C[81]

78. nobilin D[82]

79. dendronophenol A[83]　　80. dendronophenol B[83]

81. nobilin E[82]　　82. dengraol A[79]　　83. dengraol B[79]

图 2-5　石斛中联苄类化合物的结构

（四）石斛中的倍半萜

倍半萜类化合物主要是最近几年从石斛中分离得到的，根据目前的报道，该类化合物主要分布于细茎石斛和金钗石斛中，化合物结构（化合物 84~122）见图 2-6。

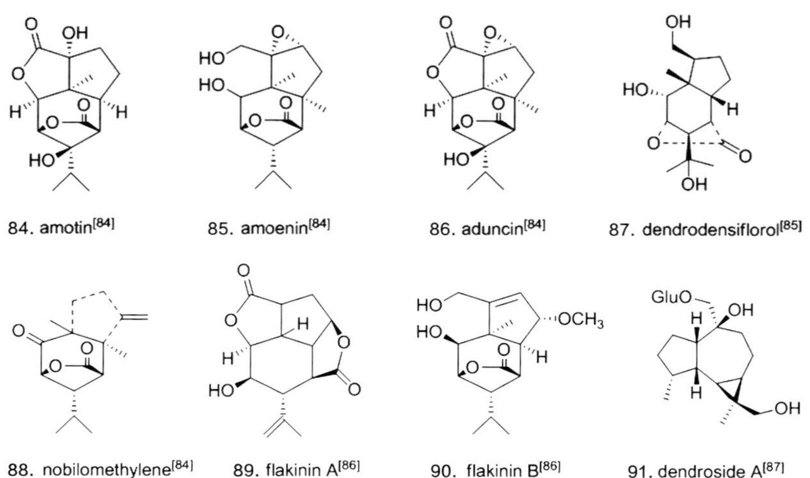

84. amotin[84]　　85. amoenin[84]　　86. aduncin[84]　　87. dendrodensiflorol[85]

88. nobilomethylene[84]　　89. flakinin A[86]　　90. flakinin B[86]　　91. dendroside A[87]

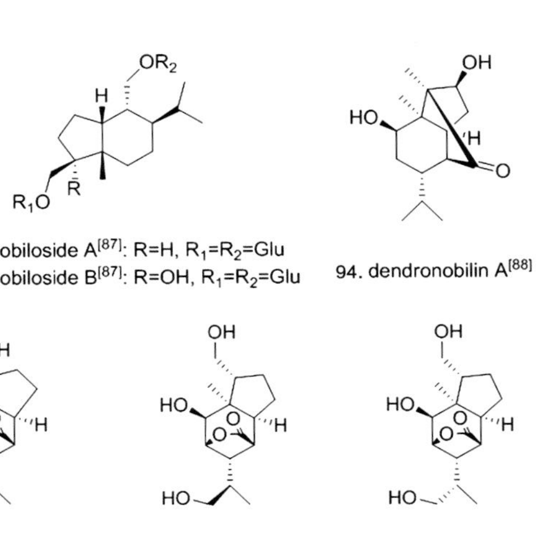

92. dendronobiloside A[87]: R=H, $R_1=R_2=Glu$
93. dendronobiloside B[87]: R=OH, $R_1=R_2=Glu$

94. dendronobilin A[88]

95. dendronobilin B[88]

96. dendronobilin C[88]

97. dendronobilin D[88]

98. dendronobilin E[88]

99. dendronobilin F[88]

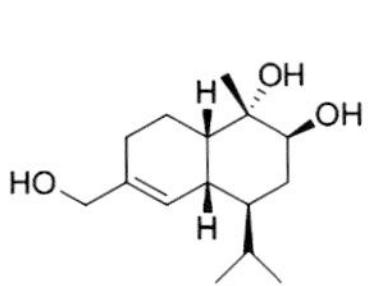

100. dendronobilin G[88]

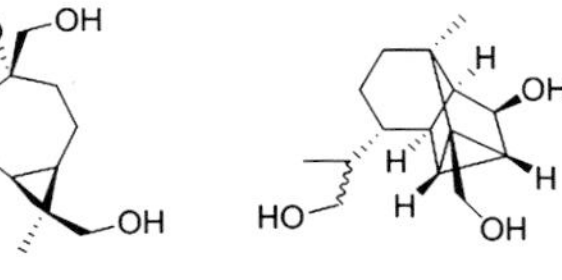

101. dendronobilin H[88]

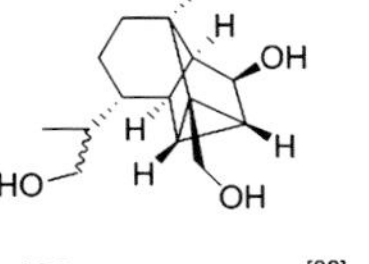

102. dendronobilin I[88]

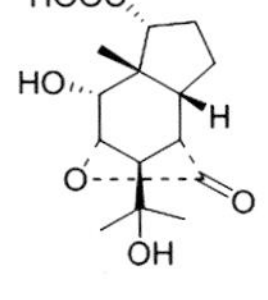

103. dendronobilin J[89]

104. dendronobilin K[90]

105. dendronobilin L[90]

106. dendronobilin M[90]

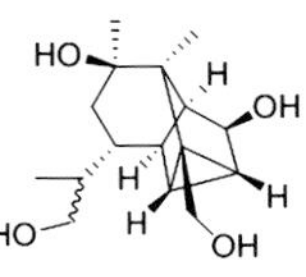

107. dendronobilin N[90]

108. dendroside B[91]

109. dendroside C[91]

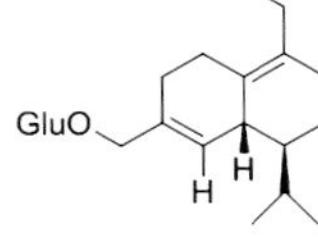

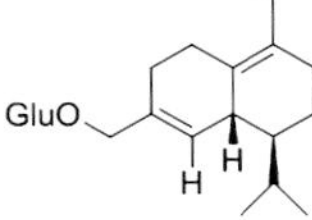

110. dendronobiloside C[91]

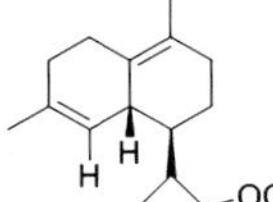

111. dendronobiloside D[91]

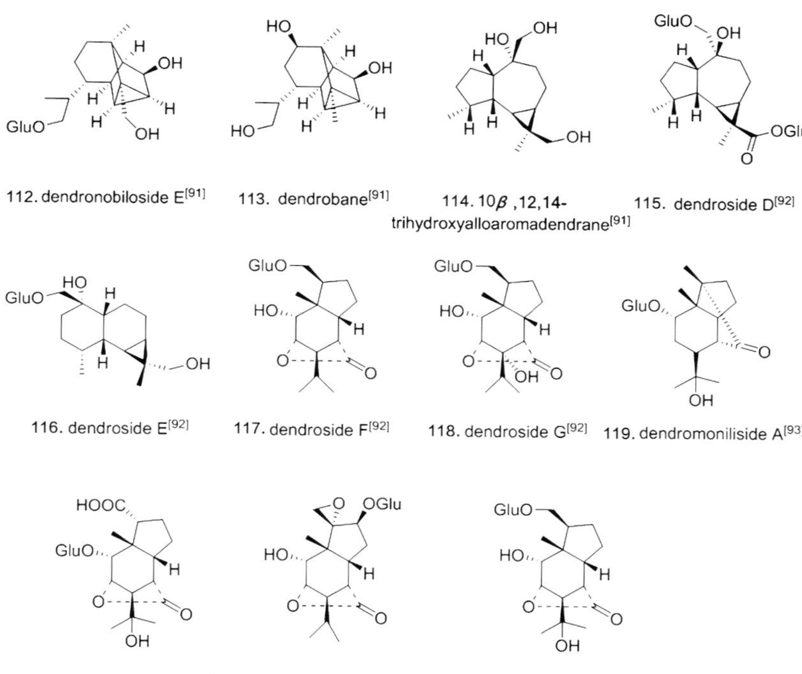

图 2-6　石斛中倍半萜类化合物的结构

（五）石斛中的其他类化合物

1. 芴酮类化合物

化合物 123-129，结构见图 2-7[25，71，82，94，95]。

2. 黄酮类化合物

如从球花石斛中分得的二氢麦黄酮，柯伊利素，高北美圣草素和柚皮素，以及从兜唇石斛中分到的苜蓿素，4′- 甲氧基苜蓿素和 7，3′，5′-tri-O-methyltricetin[95~96]。

3. 酚酸类化合物

张雪等从金钗石斛中分离得到丁香酸，2- 羟基苯丙醇，香草醛，

罗布麻宁，松柏醛，丁香醛，丁香乙酮，对羟基苯甲醛，3-羟基4-甲氧基苯乙醇，α-羟基丁香丙酮，二氢松柏醇，对羟基苯甲酸，对羟基苯丙酸，二氢松柏醇以及二氢对羟基桂皮酸酯[97,98]。

4.木脂素类化合物

有丁香脂素、松脂素、5-甲氧基松脂素以及鹅掌楸树脂醇[99]。

5.香豆素类化合物

包括香豆素、泽兰内酯、东莨菪内酯、东莨菪苷、6′-β-D-apisyl-β-D-glucopyranosylscopoletin、滨蒿内酯和denthyrsin（化合物130）[75，100，101]。

6.蒽醌类化合物

如大黄酚-8-O-葡萄糖苷、大黄素、大黄素甲醚、大黄酚、芦荟大黄素以及大黄酸[70，100~102]。

7.苷类化合物

如对羟基苯乙醇葡萄糖苷、cis-melilotoside（化合物131）、dihydromelilotoside（化合物132）、trans-melilotoside（化合物133）以及dendromoniliside E（化合物134）[103~106]。

8.酯类化合物

如从金钗石斛中分离得到的3-甲氧基-4-羟基反式肉桂酸二十二烷酯、3-甲氧基-4-羟基反式肉桂酸二十四烷酯、对羟基顺式肉桂酸三十烷酯、对羟基反式肉桂酸二十四烷酯、对羟基反式肉桂酸二十六烷酯、对羟基反式肉桂酸二十八烷酯、对羟基反式肉桂酸三十烷酯等[106]。

9.其他类型化合物

还有β-谷甾醇、胡萝卜苷、木栓酮、莽草酸、阿洛醇、蔗糖、豆甾醇及海松二烯[96，100~102，106]（图2-7）。

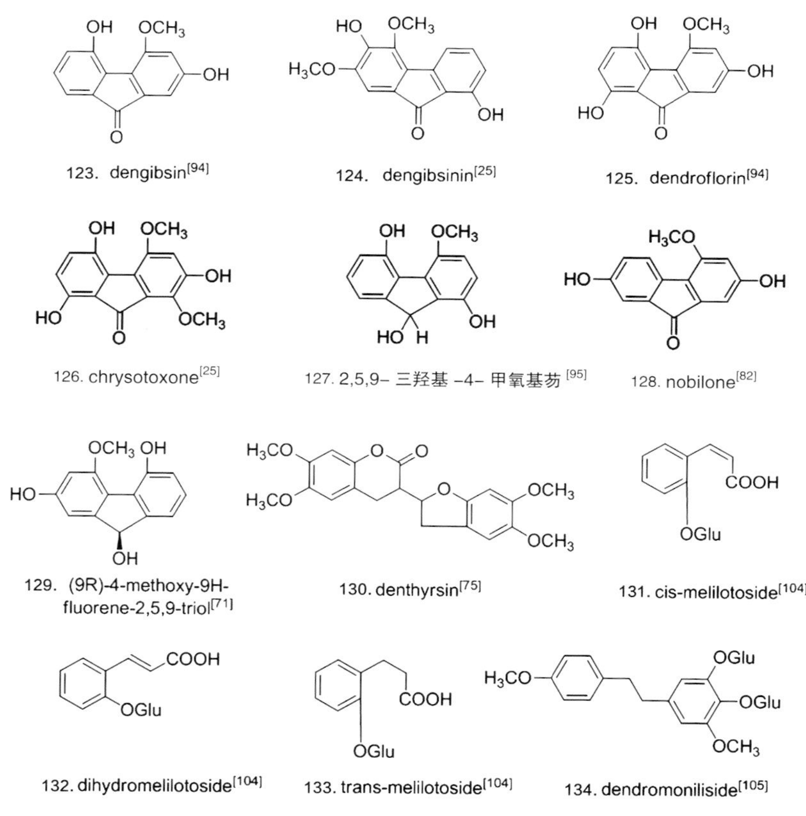

图 2-7　石斛中其他类化合物的结构

目前，对石斛属植物的化学成分研究主要集中在低极性、小分子的部分，对极性大的部分尤其是多糖研究较少。在小分子化合物的研究中，生物碱是最早从石斛中分离得到的一类化合物，但近些年来从石斛属植物中分离的化合物以 Stilbenoids 类成分居多，最近几年从金钗石斛及细茎石斛中分得多个倍半萜类化合物，从石斛属植物中还分离出其他多种类型的化合物，这说明石斛属植物化学成分类型多样，与其药理活性多样性的特点相吻合。

第二节　石斛的功能活性

石斛首先记载于神农本草经，并列为上品。本草纲目言：俗方最以补虚，主治伤中，除痹下气，补五脏虚劳羸瘦，强阴益精；厚肠胃，补内绝不足，逐皮肤邪热痒气，治男子腰脚软弱，健阳，补肾益力，壮筋骨，轻身延年。在我国传统医学中经历了2 000年以上的应用历史。2010年版《中国药典》收录的药用石斛来源为金钗石斛（*Dendrobium nobile* Lindl.）、鼓槌石斛（*Dendrobiun chrysotoxum* Lindl.）、流苏石斛（*Dendrobium fimbriatum* Hook.）、铁皮石斛（*Dendrobium candidum* Wall. ex Lindl.），具有滋阴养胃、清热生津、润肺止咳、清肝明目及增强免疫力之功效，对阴伤津亏、烦渴、虚热、目暗、食少干呕等症确有良好效果，对胃肠道疾病（慢性萎缩性胃炎）以及心血管疾患、抗肿瘤、抗衰老、抗辐射、抗风湿、呼吸系统、眼科、肌肤等疾病也有明显的治疗作用。

一、观点学说

《本草新编》：石斛，味甘、微苦，性微寒，无毒。不可用竹斛、木斛，用之无功，石斛却惊定志，益精强阴，尤能健脚膝之力，善起痹病，降阴虚之火，大有殊功。今世吴下之医，颇喜用之，而天下人尚不悉知其功用也。盖金钗石斛，生于粤闽岩洞之中，岩洞乃至阴之地，而粤闽又至阳之方也，秉阴阳之气以生，故寒不为寒，而又能降虚浮之热。夫虚火，相火也，相火宜补，而不宜泻。金钗石斛妙是寒药，而又有补性，且其性又下行，而不上行。若相火则易升，而不易降者也，得石斛则降而不升矣。夏月之间，两足无力者，服石斛则有力，岂非下降而兼补至阴之明验乎。故用黄柏、知母泻相火者，何如用金钗石斛之为当乎。盖黄柏、知母泻中无补，而金钗石斛补中有泻也。或问金钗石斛降阴虚之火，乃泻阴之物也，何以能健脚膝之力，其中妙义，尚未畅发。

曰：肾有补而无泻，何以金钗石斛泻肾，而反补肾，宜子之疑也。余上文虽已略言之，而今犹当罄言之。夫肾中有水、火之分，水之不足，火之有余也；火之有余，水之不足也。是水火不能两平者，久矣。脚膝之无力者，肾水之不足也。水不足则火觉有余，火有余则水又不足，不能制火矣。不能制火，则火旺而熬干骨中之髓，欲其脚膝之有力也。必不得之数矣。金钗石斛，本非益精强阴之药，乃降肾中命门虚火之药也，去火之有余，自然益水之不足，泻肾中之虚火，自然添骨中之真水矣，故曰：强阴而益精。此脚膝之所以健也。然则黄柏、知母亦泻肾火之药，何以不能健脚膝？不知肾中之火，大寒则泻而不补，微寒则补而能泻。此金钗石斛妙在微寒，以泻为补也。（[批]相火者，虚火也，虚火必补而后息。石斛之补肾，岂及熟地，然以轻虚之体，潜入于命门阴火之中，能引入命门之火，仍归于肾，舍石斛更无他药可代。大寒之药，有泻而无补；微寒之药，有补而无泻，发前人所未发）。或问子恶用黄柏、知母之泻火，何又称金钗石斛？不知金钗石斛，非知母、黄柏可比。知母、黄柏大寒，直入于至阴，使寒入于骨髓之中。金钗石斛不过微寒，虽入于至阴，使寒出于骨髓之外，各有分别也。或疑金钗石斛使寒出于骨髓，实发前人之未发，但无征难信耳。曰：石斛微寒，自不伤骨，骨既不伤，则骨中之热自解，骨中热解，必散于外，此理之所必然，不必有征而后信也。

《本草蒙筌》：石斛，味甘，气平。无毒。多产六安，（州名，属南直隶。）亦生两广。（广东、广西。）茎小有节，色黄类金。世人每以金钗石斛为云，盖亦取其象也。其种有二，细认略殊。生溪石上者名石斛，折之似有肉中实；生栎木上者名木斛，折之如麦秆中虚。石斛有效难寻，木斛无功易得。卖家多采易者代充，不可不预防尔。恶凝水石巴豆，畏白僵蚕雷丸。以酒浸蒸，方宜入剂，却惊定志，益精强阴。壮筋骨，补虚羸，健脚膝，驱冷痹。皮外邪热堪逐，胃中虚火能除。浓肠胃轻身，长肌肉下气。

因此，石斛药用历史悠久，药用成分既丰富又均衡，能治疗多种疾患，在临床上多用于治疗慢性咽炎、肠胃疾病、眼科疾病，血栓闭塞性疾病、糖尿病、关节炎、癌症的治疗或辅助治疗。特别是近年用于消除癌症放疗、化疗后的副作用和恢复体能，效果十分明显。

二、药理学功能

（一）抗心脑血管疾病功能

石斛含有酯类成分，具有活血化瘀、扩张血管及抗血小板凝结，治疗血栓闭塞脉搏管炎，脑血栓形成，动脉硬化性闭塞等作用。由石斛、金银花等药材提取加工的脉络宁注射液，有清热养阴、活血化瘀等功能。

粉花石斛的甲醇提取物可明显抑制由花生四烯酸、胶原导致的兔血小板凝集，从中分离鉴定的化合物石斛酚（moscatilin、moscatin）的二醋酸盐也具有抗血小板凝集的作用[63]。蔡雪珠等通过家兔药理实验，发现石斛醇提物也可抑制 ADP 诱导的血小板凝集性，抑制血栓形成，并使 PT（凝血酶原时间）、KPTT（白陶土凝血酶时间）延长等作用[107]。从密花石斛分离得到的 moscatilin，gigantol，homoeriodictyol，scopoletin，scoparone 经初步体外试验，发现均有抗血小板聚集作用，其中，scoparone 的抗血小板凝聚的作用最强[108]。方泰惠等 [109] 通过大鼠肠系膜动脉血管实验发现，金钗石斛可明显拮抗苯肾上腺素引起的肠系膜血管收缩效应，具有血管扩张作用。在有石斛提取物存在的条件下，较高浓度（3.5×10^{-4} mol/L）的苯肾上腺素、5-HT 的收缩血管作用被明显减弱。

（二）抗肿瘤作用

不同研究者探讨了石斛的抗肿瘤作用。Lee 等[73]采用人体肿瘤细胞（癌细胞 A549、卵巢腺癌细胞 SK-OV-3 和 HL-60）检测了金钗石斛乙酸乙酯提取物的体外抗肿瘤增殖活性，结果表明金钗石斛乙酸乙酯提取物能显著抑制肿瘤细胞的增殖。进一步从金钗石斛乙酸乙酯提取物中分离出 2 个菲类活性成分 lusianthridin 和 denbinobin，前者对 S-180 肿瘤细胞也有抑制作用。

鲍丽娟等[110]发现金钗石斛的水提物对人宫颈癌细胞株 HelaS3 和肝癌 HepG2 具有一定程度的抑制作用，且呈剂量相关性。罗文娟等[111]发现金钗石斛联苄类化合物玫瑰石斛素（crepidatin）、鼓槌联苄（chrysotobibenzyl）及 4，4' - 二羟基 -3，3′，5- 三甲氧基二苄（moscatilin）对人肝癌细胞株 FHCC-98 显示不同的增殖抑制作用，其中化合物 4，4' - 二羟基 -3，3'，5- 三甲氧基二苄的作用尤为明显。罗慧玲等[112]发现石斛多糖具有增强脐带血和肿瘤病人外周血 LAK 细胞体外杀伤作用。

Wang 等[113]对金钗石斛多糖抗肿瘤作用进行了系统的探讨，结果表明在小鼠体内 Sarcoma 180 肉瘤抑制实验中，金钗石斛水提粗多糖有 31% 的抑制活性，而碱提与酸提粗多糖抑制率较低；金钗石斛水提粗多糖经 DEAE- 纤维素柱进行分级，洗脱液依次为水、0.05 mol/L、0.1 mol/L、0.2 mol/L、0.3 mol/L 和 0.5 mol/L NaCl 溶液，获得 6 个对应组分，进一步的小鼠体内 Sarcoma 180 肉瘤抑制实验表明水洗组分和 0.1 mol/L NaCl 洗脱组分表现出了较高的 65% 与 61% 抑制活性；在金钗石斛多糖的体外实验中，所有实验中多糖组分都表现出了对人宫颈癌细胞株 HL-60 肿瘤细胞的抗增殖活性并成剂量依赖性，但对肝癌 HepG2 肿瘤细胞的抗增殖效果较差。

（三）免疫增强或调节作用

金钗石斛的抗肿瘤作用是和其增强机体免疫作用密切相关的，研究表明金钗石斛有显著的免疫促进作用[114]。施红等[115]根据中药使用方法制备了金钗石斛的水煎剂，药理实验表明其对小鼠腹腔巨噬细胞的吞噬功能有明显促进作用，进一步以金钗石斛为配伍制成的制剂能促进 ConA 刺激的小鼠脾淋巴细胞增殖。

Huang 等[116]发现金钗石斛的水煎液只能改善小鼠腹腔巨噬细胞受胁迫初期的吞噬功能，而对巨噬细胞受到破坏导致功能低下时的吞噬功能无改善作用。实验还发现金钗石斛的水煎液能延缓孤儿病毒（ECHO11）致病变作用。Hwang 等[117]发现金钗石斛茎的甲醇提取物中分离得到的菲类和联苄类成分能抑制 LPS 诱导的小鼠巨噬细胞 RAW 264.7 产生 NO 的能力。

石斛多糖体现出较好的免疫增强和调节作用。赵武述等[118]就 21 种中药多糖做了体外对淋巴细胞增殖作用的研究，结果表明，金钗石斛多糖对淋巴细胞有直接促进有丝分裂的作用。据小鼠体内活性实验证明[119]，铁皮石斛多糖具有很强抵消实验条件下免疫抑制剂环磷酰胺的加入所引起的外周白细胞的剧烈下降的能力，消除其破坏性的副作用；同时也能够促进免疫淋巴细胞产生移动抑制因子，有效地抵消环磷酰胺引起的移动抑制指数的副作用。兜唇石斛中[4]分离得到 3 个多糖 AP-1、AP-2、AP-3 都能使 ICR 纯系小鼠脾重量、胸腺重量增加，T 细胞和 B 细胞显著增殖，具有免疫增强作用。

倍半萜和菲类成分在此功能方面也有所贡献。Zhao 等[87]以小鼠 T、B 淋巴细胞的体外增殖活性为评价指标检验了金钗石斛中的倍半萜苷类化合物 dendrosides A、D、E、F、G 及 dendronobilosides A、B 的体外增殖活性，结果表明 dendrosides A、D~G 和 dendronobiloside A 能促进小鼠 T，B 淋巴细胞的体外增殖，但 dendronobiloside B 对小鼠

T，B 淋巴细胞的体外增殖有抑制作用。Yang 等[120，121]发现金钗石斛甲醇提取物中的菲类成分在体外具有抑制小鼠肝星状细胞的增值及纤维化的活性。

高建平等[122]则比较研究了铁皮石斛原球茎与原药材对免疫功能的作用及急性毒性反应，结果发现两者水提物均有提高免疫功能作用，且作用强度相似，表明组培原球茎不失为野生铁皮石斛的良好替代品。

（四）抗氧化、抗衰老作用

现代药理研究表明，石斛具有较为显著的体内、体外抗氧化活性[123]。陈祝霞等[124]采用比色法对 12 种石斛水提醇沉滤液体外清除超氧阴离子和羟自由基的能力进行了研究，结果表明除了报春石斛 D. primulinum Lindl. 和流苏石斛 D. fimbriatum Hook. 具有促进超氧阴离子自由基生成作用外，大部分石斛类药材具有清除超氧阴离子的作用，并且存在一定差别。

金钗石斛水提物和水提粗多糖对体外活性氧有很好的清除作用[125~127]。石斛能显著提高超氧化物歧化酶（SOD）水平，降低过氧化脂质（LPO），调节脑单胺类神经介质水平，抑制类似单胺氧化酶（MAO），起到延缓衰老的作用，目前石斛在保健护肤方面也深受人们青睐。

据研究认为，石斛多糖通过清除氧自由基 ROS 呈现其抗氧化功能。可能途径有：①提高 SOD 水平和降低 LPO 水平而发挥清除 ROS 作用；②直接清除 ROS，对于 OH 而言，可快速地攫取多糖碳氢链上的氢原子结合成水，而碳原子成为自由基，其进一步氧化形成氧自由基，最后分解成对机体无害的产物，对 O_2^-、多糖可发生氧化反应；③络合产生 ROS 所必需的金属离子（如 Fe^{2+}、Cu^{2+} 等），使其不能产生启动脂质过氧化的羟自由基或使其不能分解脂质过氧化产生的脂过

氧化氢，从而抑制 ROS 的产生。蔡永萍等[128]通过化学法测定发现，霍山石斛等 3 种石斛直接含有较高活性的 SOD、POD（过氧化物酶）、CAT（过氧化氢酶），具有较强的抗氧化能力。

查学强等[129]利用对邻苯三酚自氧化体系产生的超氧阴离子自由基的清除作用、Fenton 反应检测对羟基自由基的清除作用以及对烷基自由基引发的亚油酸氧化体系的抑制作用，对霍山石斛和铁皮石斛多糖的抗氧化活性进行了比较，结果表明，两种石斛在体外对超氧阴离子自由基和羟基自由基具有不同程度的清除作用，同时对烷基自由基引发的亚油酸氧化体系也有显著的抑制作用。金钗石斛、细茎石斛[130，131]都具有较为显著的体外抗氧化活性。另外，石斛本身具有的抗氧化功能是其抗衰老、改善肝功能和延缓白内障等药理活性的基础。对白内障的治疗作用将在下文中介绍。

抗衰老方面，施红等[132]利用家兔进行石斛抗衰老作用的实验结果表明，石斛能明显提高血中羟脯氨酸（HYP）及超氧化物歧化酶（SOD）水平，通过降低过氧化脂质（LPO）及单胺氧化酶（MAO），以类似单胺氧化酶抑制剂的作用起到抗衰老的作用。石斛对相应小鼠模型也具有较为显著的抗衰老作用，梁颖敏[133]利用 D- 半乳糖致亚急性衰老雌性小鼠和自然衰老雌性小鼠两种动物模型研究铁皮石斛的抗衰老作用，结果表明铁皮石斛能够增强模型小鼠的学习记忆能力和免疫力等，从而在整体上显示出抗衰老作用；进一步研究结果表明，铁皮石斛抗衰老的作用机制之一就是通过增强血液中抗氧化酶的活性来实现的。

改善肝功能方面，王爽等[134]研究发现石斛多糖可显著提高正常小鼠血清和肝组织中 SOD、谷胱甘肽过氧化物酶（GSH-Px）活性，并能降低丙二醛（MDA）的量。李婵娟[135]通过溴代苯制造脂质过氧化小鼠模型，来检测几种石斛粗提物对模型动物氧化损伤的保护作用，研究发现鼓槌石斛 *D. chrysotoxum* Lindl.、金钗石斛及报春石斛能显著降低模型组动物肝匀浆中 MDA 的量，从而说明以上这 3 种石斛具有抗脂质过氧化的能力。此外，石斛通过增加肝脏中 SOD、GSH-Px 的水平以及影响血清和肝脏中其他物质的量，达到改善动物酒精性肝损伤的作用。汤小华等 [136] 研究发现铁皮石斛和铁皮枫斗对急性肝损伤模型小鼠具有抗氧化作用。吕圭源等 [137] 研究发现不同剂量铁皮石斛及铁皮枫斗能够降低慢性酒精性肝损伤模型小鼠血清中丙氨酸氨基转移酶（ALT）、天冬氨酸氨基转移酶（AST）和胆固醇（TC）的水平，说明石斛在一定程度上能够改善相应模型动物的肝功能。

其他类成分，如联苄类、酚酸类和木脂素类成分也具有一定的抗氧化活性。张雪等 [97] 采用 1，1- 二苯基苦基苯肼（DPPH 值）自由基清除法和氧自由基清除能力方法评价 16 个联苄类和酚酸类成分的抗氧化活性，结果表明所有化合物都具有不同程度的抗氧化活性，且活性的强弱与化合物结构存在关联。金钗石斛中的酚类成分 gigantol 对三价铁硫氰酸盐的抗氧化活性强于叔丁基对羟基茴香醚（BHA）[138]。金钗石斛的菲类和木脂素类成分在体外也表现出了较强的清除 DPPH 值的活性，且发现酚羟基的邻位存在具有供电作用的甲氧基时对菲类和木脂素类化合物的抗氧化活性具有积极的作用 [99]。

（五）治疗消化系统疾病

传统医学认为，石斛具有益胃生津作用。石斛对肠管有兴奋作用，可使收缩幅度增加。药理试验表明，口服石斛煎剂能促进胃液分泌，帮助消化 [114，139，140]。石斛碱与非西汀药效相似而作用较弱，石斛浸膏能刺激小肠平滑肌的收缩，促进胃肠蠕动。

陈少夫等 [141] 采用人体临床药理实验探讨了金钗石斛水煎剂对人体胃酸分泌的影响，结果表明金钗石斛水煎剂能明显促进人体胃酸的分泌，升高血清中胃泌素的浓度。石斛对慢性萎缩性胃炎能收到独特、满意的效果。推测石斛的化学成分可直接刺激 G 细胞，使胃泌素分泌增加，血清胃泌素浓度增高，胃泌素刺激壁细胞，使胃酸分泌增加。此外，铁皮石斛浸膏可改善甲亢型小鼠的虚弱症状，能拮抗阿托品对家兔唾液分泌的抑制作用，验证了铁皮石斛的养阴生津功效[142]。细叶石斛 *D. ncockii* 水溶性小分子提取物可强烈拮抗苯肾上腺素所致的大鼠胸主动脉血管收缩作用[143]。

金钗石斛、细叶石斛 *D. hancocki*、重唇石斛 *D. hercoglossum* 浸膏对肠管有兴奋作用，可使收缩幅度增加；铁皮石斛、黑毛石斛 D. *williamsonii*、细茎石斛、迭鞘石斛、流苏石斛浸膏先使肠管活动抑制，几分钟后，恢复到给药前的水平；钩状石斛 *D. aduncum* 的收缩幅度稍降低；束花石斛浸膏使肠管自发活动的紧张性明显降低，节律消失，肠管处于完全麻痹状态，并可拮抗乙酰胆碱对肠管的兴奋作用[144]。

（六）治疗眼科疾病

石斛对眼科疾病有明显的治疗作用，对半乳糖性白内障不仅有抑制作用，而且有一定的治疗作用，其保持晶状体的百分率为37%。在治疗白内障方面，对半乳糖所致的酶活性异常变化有抑制和纠正作用，也能阻止或纠正因半乳糖性白内障所致的晶状体总脂类与总胆固醇的比例失调。中药处方“清睛粉”用石斛、麦冬等组成，有滋阴散热、疏风清热、通络散结、退翳明目之功效，用于联合翼状胬肉切除、角膜移植手术，效果较好。“石斛夜光丸”由石斛、人参等25味中药材组成，对治疗白内障、青光眼、视神经炎等有较好疗效。

杨涛等[145~147]采用大鼠半乳糖性白内障模型检测了金钗石斛水煎剂的抗白内障活性。结果表明金钗石斛水煎剂具有抗半乳糖性白内障活性，大大减缓大鼠晶状体混浊进程，其作用机制与改变晶状体相关代谢酶的活性有关。进一步的大鼠晶状体体外脂类过氧化水平检测实验表明，金钗石斛的乙酸乙酯提取物在体外能抑制醛糖还原酶和过氧化脂质（LPO）的产生，从而抑制晶状体脂质过氧化作用[148]，延缓白内障的发生。

金钗石斛总生物碱和粗多糖能减轻体外 DMEM 低糖培养基培养的大鼠晶状体混浊度，且生物碱高剂量组效果最佳[149~151]。在 D- 半乳糖诱导大鼠白内障试验中，金钗石斛生物碱高剂量组能明显减轻晶状体混浊度，显著升高晶状体水溶性蛋白、GSH 含量及 T-SOD 活性，降低 MDA 与糖基化蛋白产物的含量[152]，同时金钗石斛生物碱治疗组 Wistar 大鼠晶状体的 NO 浓度及 NOS 的活性均显著低于模型组。分子生物学实验也表明金钗石斛生物碱有效抑制了大鼠晶状体 iNOS 基因的表达，从而对糖尿病性白内障具有较好的治疗作用[153]。因此，金钗石斛具有较好的抗糖性白内障作用，其作用机理与拮抗大鼠晶状体的氧化损伤、抑制糖基化终产物的形成及降低渗透压有关。

李秀芳等[154]对 SD 大鼠 ip 链脲佐菌素制造糖尿病性大鼠白内障模型，研究霍山石斛多糖对糖尿病性白内障大鼠眼球晶状体组织的抗氧化作用，结果表明霍山石斛多糖能够显著增加糖尿病性白内障大鼠晶状体组织中谷胱甘肽（GST）水平，降低 MDA 及羰基的量，同时还提高 GSH-Px、谷胱甘肽还原酶（GR）、谷胱甘肽 -S- 转移酶（GSTs）、过氧化氢酶（CAT）和 SOD 的活性；石斛提取物丁香酸通过抑制醛糖还原酶的活性从而控制预防糖尿病性白内障病情的发展[155、156]，具有十分明确的功效。

（七）降血糖作用

目前，糖尿病逐渐成为影响人类健康的第一大杀手。现代医学研究认为，石斛可显著降低糖尿病模型大鼠血糖、胰高血糖素，增加胰岛素、C 肽的分泌。抑制胰岛素降解，提高胰岛素敏感指数，抑制游离脂肪酸的分泌，显著降低肥胖糖尿病模型大鼠的肿瘤坏死因子。李菲等[157]给由肾上腺素引起的高血糖小鼠喂食金钗石斛多糖和生物

碱后，发现与模型组相比，金钗石斛多糖和生物碱处理组小鼠血糖明显下降。黄琦等[158]探讨了金钗石斛总生物碱对四氧嘧啶所致糖尿病大鼠的影响，与模型组比较，金钗石斛总生物碱可明显降低大鼠血糖水平（$P<0.05$），大鼠胰岛数量较多，体积较大，岛内细胞数较多。

施红等[159]用肾上腺素和四氧嘧啶诱发高血糖小鼠动物模型研究石斛的降血糖作用，结果表明其效果显著。陈云龙等[160]发现细茎石斛粗多糖能显著降低肾上腺素、四氧嘧啶引起的糖尿病小鼠的血糖水平（$P<0.01$），提高四氧嘧啶性糖尿病小鼠的葡萄糖耐量（$P<0.01$），但对正常小鼠的血糖水平无影响。吴昊姝等[161]研究了铁皮石斛浸膏的降血糖作用以及作用机制，发现铁皮石斛对肾上腺素性高血糖小鼠及链脲佐菌素性糖尿病大鼠有明显的降血糖作用。其降血糖的胰内机制是促进胰岛 β 细胞分泌胰岛素，抑制胰岛 α 细胞分泌胰高血糖素，胰外机制可能是抑制肝糖原分解和促进肝糖原合成。

石斛养阴清热润燥，自古以来就是治疗消渴（糖尿病）的良药[162]。石斛还能和其他有效中药成分按照合适的比例组成复方发挥降血糖的作用，石斛及其复方制剂的降血糖作用在模型动物和临床治疗中都得到了很好的证明。迭鞘石斛 *D. denneanum* Kerr. 多糖具有较为明显的降血糖作用，可显著降低四氧嘧啶高血糖小鼠空腹血糖，增强四氧嘧啶高血糖大鼠的糖耐量，而对正常小鼠空腹血糖和正常大鼠糖耐量没有明显影响[163]。

近年来，石斛合剂降低血糖的功能受到越来越多的关注，与其他中药配伍不但能够减轻因长期大剂量使用石斛造成的胃肠道副作用，还能增强降血糖的疗效，石斛作为君药具有客观合理性。石斛合剂对肾上腺素和四氧嘧啶诱发的高血糖模型动物实验研究结果显示：石斛合剂具有显著降低两种模型动物血糖水平的能力，并使血糖降至正常水平；在肾上腺素诱发的高血糖症小鼠模型中，该合剂降血糖作用与优降糖比较没有显著性差异；在四氧嘧啶诱发的高血糖症小鼠模型中，该合剂降血糖作用显著优于优降糖，且无优降糖导致低血糖的副作用[164]。临床研究表明石斛合剂不但能降低2型糖尿病患者的血糖，并对其胰岛素抵抗具有明显的改善作用。

石斛及石斛合剂降血糖的作用机制主要是通过作用于胰腺组织、调节胰岛素的分泌并且增加外周组织对胰岛素的敏感性实现的。此外，除了保护胰腺组织、调节胰岛素分泌外，石斛及其合剂还作用于血糖的代谢过程，并能够减少因高血糖代谢的一些对机体有害的物质，改善高血糖引发的并发症。

（八）降血脂作用

血糖和血脂在代谢过程中是相互联系的，在对石斛降血糖作用进行研究时发现石斛对脂质的代谢异常同样具有调节作用，能明显降低血脂水平，对于脂肪肝、动脉粥样硬化等具有预防作用。

石斛对血脂代谢的调节作用具有非常重要的研究价值，对于当前心血管疾病的预防和治疗意义重大。张静等[165]用高脂血症模型大鼠对霍山石斛胶囊调血脂的疗效进行了研究，结果表明不同剂量霍山石斛胶囊能不同程度地降低模型大鼠血清总胆固醇、三酰甘油、低密度脂蛋白胆固醇的量，升高血清高密度脂蛋白胆固醇的量，并能提高血清SOD活性和NO量，说明适宜剂量的霍山石斛胶囊具有明显的调血脂、保护血管内皮和抗脂质过氧化的作用，对高脂血症和动脉粥样硬化的发生有一定的防治作用。

李向阳等[166]通过建立高脂血症大鼠模型，研究金钗石斛多糖对高脂血症和肝脏脂肪变性的影响，结果显示金钗石斛多糖对高脂血症大鼠血脂代谢异常具有调节作用，能够有效减轻高脂血症大鼠肝脏组织的脂肪变性。高血脂症常常伴有脂质过氧化状态的改变，在动脉粥样硬化病变发生中起着重要作用，石斛可改善机体的脂质过氧化程度从而抑制动脉粥样硬化的发生和发展[165]，这也是其对酒精性肝损伤

起到改善作用的原因，并且石斛通过影响 SOD 活性和 MDA 的量，提高高脂血症机体的抗氧化能力，减轻脂质过氧化，进一步对心血管系统起到保护作用。

施红等[167]在研究石斛及石斛合剂对糖尿病模型大鼠糖脂代谢的调整作用时，发现石斛及石斛合剂除了能够显著降低造模大鼠的血糖及糖化血红蛋白水平，还能显著降低三酰甘油、胆固醇的量。血脂的降低对于糖尿病人的康复非常重要，单纯控制血糖水平并不能解决全部问题，其他措施如纠正血脂紊乱也很重要。

林雅等[168]在对石斛合剂治疗糖尿病的机制进行探究时，发现石斛合剂 3 个剂量组均可较好地降低血脂、胆固醇及游离脂肪酸的水平，说明石斛合剂有一定调节脂质代谢异常的作用；通过降低游离脂肪酸，拮抗其导致的胰岛素抵抗，阻断游离脂肪酸介导的胰岛素分泌减少，降低血糖并调节胰岛素的分泌。

苏敏等[169]通过石斛制剂的水提剂和醇提剂对衰老家兔血黏度和血脂的影响作用的研究表明，石斛具有显著降低全血黏度、血浆黏度和纤维蛋白原的作用，以及降低 TG（甘油三醇）和 TC（胆固醇）及升高 HDL（高密度脂蛋白）的作用，但后者效果不显著。

（九）抗炎作用

石斛的药效成分能够作用于机体的免疫系统[170~172]，起到强身健体的作用，还能影响炎症发生、发展的过程，具有抗炎、解热和镇痛的功能。侯少贞等[173]通过耳肿胀实验、腹腔毛细血管通透性实验及肉芽肿实验观察新鲜铁皮石斛的抗炎作用，结果表明铁皮石斛能够明显减轻二甲苯致小鼠耳廓肿胀程度，并能抑制醋酸所致毛细血管通透性增高和棉球肉芽肿的生长，说明铁皮石斛具有显著的抗炎作用。金钗石斛粗多糖能一定程度的抑制毛细血管通透性、渗出及水肿，还能抑制芽组织增生及血小板的聚集而具有抗炎作用[114]。

目前，已对石斛属植物抗炎作用的具体机制进行了研究，石斛抗炎的有效成分能够作用于多种与炎症相关的细胞，进而影响一些炎症因子的生成和释放。李小琼等[174]利用脂多糖诱导小鼠腹腔巨噬细胞，研究金钗石斛多糖对该巨噬细胞分泌肿瘤坏死因子-α（TNF-α）和一氧化氮（NO）的影响，结果表明金钗石斛多糖使小鼠巨噬细胞合成 TNF-α 和 NO 减少，一氧化氮合成酶（iNOS）活性降低，并且 TNF-α mRNA 和 NO mRNA 的表达降低，从而推断金钗石斛多糖是通过上述过程作用于炎症相关因子起到抗炎作用的。石斛抗炎有效成分除作用于巨噬细胞外，还作用于其他相关的细胞，从而对炎症因子产生影响。张俊青等[175]利用外源性内毒素脂多糖激活大鼠大脑皮层星形胶质细胞，通过测定细胞存活率、TNF-α 炎症因子的蛋白以及炎症相关基因 TNF-α 和 IL-6 mRNA 的表达，研究金钗石斛总生物碱[176]对星形胶质细胞抗炎作用机制，结果表明金钗石斛总生物碱能够拮抗内毒素脂多糖所引起的炎症反应，其作用与抑制星形胶质细胞的激活及其炎症因子的释放密切相关。

三、食用

在这个崇尚健康的时代，石斛也慢慢被融入其中。石斛是一种药食两用的植物，目前已有以下食用方式。

1. 鲜吃

取新鲜紫皮石斛适量，去叶鞘，洗净，入口细嚼，味甘而微黏，清新爽口，余渣吞咽即可（图 2-8、图 2-9）。

2. 鲜条榨汁

取新鲜紫皮石斛适量，去叶鞘，洗净，切小段放入榨汁机内，加入适量开水（通常加入石斛量与加入水的量为 1∶15~1∶20），榨汁，过滤后汁液即可饮用（图 2-10）。

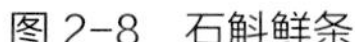

图 2-8　石斛鲜条

图 2-9　石斛鲜条截面

3. 鲜条煎汤

洗净切碎或拍破加水入锅用文火先煎煮 30min 后，放入 1~2g 西洋参再煮 30min，可重复煎煮，连渣食用。

4. 枫斗磨粉泡茶

把紫皮石斛枫斗磨成细粉，也可把西洋参磨成细粉混起来一起用沸水冲泡，最佳方法是加清水适量，武火煮沸再文火煮 2h 以上，连渣食用。

5. 入膳

洗净切碎或拍破和鸡、鸭等材料一起文火炖 2~3h，连渣食用。或用文火煎煮后取汁备用，加入其他原料可煮粥、做羹、煲汤等（图 2-11）。

图 2-10　石斛鲜芝汁

图 2-11　石斛参鸡汤

6. 鲜条浸酒

洗净切碎拍破、单味或和其他物料一起浸入 40℃以上酒中，3 个月后即可饮用（图 2-12、图 2-13）。

图 2-12　石斛复配酒　　图 2-13　石斛单方酒

参考文献

[1] 吴庆生，丁亚平，杨道麒等 . 安徽霍山三种石斛中游离氨基酸分析 [J]. 安徽农业科学院，1995，23（3）：268-269，271.

[2] 黄民权，阮金月 . 铁皮石斛氨基酸组分分析中药材 [J]. 1997，20（1）：32-33.

[3] 于力文，蔡永萍，张鹤英等 . 安徽霍山 3 种石斛营养成分分析及其分布规律 [J]. 安徽农业科学院，1996，24（4）：369-370.

[4] 黄民权，黄步汉，蔡体育 . 铁皮石斛多糖的提取，分离和分析 [J]. 中草药，1994，25（3）：128-129.

[5] 黄民权，阮金月 . 6 种石斛属植物水溶性多糖的单糖组分分析 [J]. 中国中药杂志，1997，22（2）：74，115.

[6] 王世林，郑光植，何静波等．黑节草多糖的研究 [J]. 云南植物研究，1988，10（4）：389- 395.

[7] Hua Yun-fen, Zhang Ming, Fu Cheng xin, et al. Structural characterization of a 2-O-acetylglucomannan from *Dendrobium officinale* stem[J]. Carbohydrate Research, 2004, 339（13）: 2 219-2 224.

[8] 杨虹，王顺春，王峥涛等．铁皮石斛多糖的研究 [J] 中国药学杂志，2004，39（4）：254- 256.

[9] 何铁光，杨丽涛，李杨瑞等．铁皮石斛原球茎多糖 DCPP3c-1 的分离纯化及结构初步分析 [J]. 分析测试学报，2008，27（ 2）：143-147.

[10] 赵永灵，王世林，李晓玉．兜唇石斛多糖的研究 [J]. 云南植物研究，1994，16（4）：392-396.

[11] 陈云龙，何国庆，华允芬等．细茎石斛多糖的提取分离纯化与性能分析 [J]. 中国药学杂志，2003，38（7）：494-497.

[12] 徐程，陈云龙，张铭．细茎石斛多糖 DMP2a-1 的结构分析 [J]. 中国药学杂志，2004，39（12）：900-902.

[13] 宋伟，张亚惠，毛碧增．石斛多糖的研究进展 [J]. 药物生物技术，2014，21（3）：279-282.

[14] 陈璋辉，陈云龙，吴涛等．细茎石斛多糖 DMP4a-1 的结构特性及免疫活性研究 [J]. 中国药学杂志，2005，40（23）：1 781-1 784.

[15] 查学强，罗建平．濒危名贵药用霍山石斛类原球茎培养生产活性多糖的研究 [D]. 合肥工业大学博士论文，2007.

[16] 吴胡琦，罗建平．霍山石斛的研究进展 [J]. 时珍国医国药，2010，21（1）：208-211.

[17] Hsieh, Y. S. Y., Chien C., Liao S. K. S., et al. Structure and bioactivity of the polysaccharides in medicinal plant *Dendrobium huoshanense*[J]. Biorganic and medicinal chemistry, 2008, 16（11）: 6 054-6 068.

[18] 李满飞，徐国钧，平田羲正等．中药石斛类多糖的含量测定 [J]，中草药，

1990，21（10）：10–12.

[19] 陈云龙，张铭，华允芬等．细茎石斛不同部位有效成分及分布规律研究 [J]. 中国中药杂志，2001，26（10）：709–710.

[20] 华允芬，陈云龙，张铭．三种药用石斛多糖成分的比较研究 [J]. 浙江大学学报（工学版），2004，38（2）：249–252.

[21] 吴庆生，丁亚平，徐玲等．金钗石斛茎的不同部位中有效成分分析及其分布规律研究 [J]，中国中药杂志，1995，20（3）：148–149.

[22] 陈仕江，张明，李泉森等．植物生长调节剂对金钗石斛药用化学成分的影响 [J]. 中草药，2001，32（10）：884–886.

[23] 张萍，刘骅，吴月国，等．酶法提取石斛多糖的研究 [J]. 浙江省医学科学院学报，2005，63：32–34.

[24] 陈立钻，倪云霞，孙继军等．铁皮石斛传统加工品与机械加工品的多糖含量对比研究 [J]. 中药新药与临床药理，2005，16（4）：284–286.

[25] 陈晓梅，郭顺星．石斛属植物化学成分和药理作用的研究进展 [J]. 天然产物研究与开发，2001，13（1）：70–75.

[26] 铃木秀干．中药金钗石斛生物碱的研究 [J]. 药学杂志（日），1932，52（12）：1 049–1 060.

[27] Chen K. K., Chen A. L. Analysis of Total Alkaloid in *Dendrobium nobile* Lindl.[J]. Biol. Chem., 1935, 111：653–658.

[28] Onaka T, Kamata S, Maeda T, et al. The structure of dendrobine [J]. Chem pH 值 arm Bull, 1964, 12（4）：506–512.

[29] Inubushi Y, Ishii H, Yasui B, et al. Isolation and Characterization of Alkaloids of the Chinese Drug "Chin–Shih–Hu" [J]. Chem pH 值 arm Bull, 1964, 12（10）：1 175–1 180.

[30] ars Blomqvist, et al. Sutdies on orchidaceae alkaloids XXXVII. Dendrowardine, a quaternary alkaloid from *Dendrobium wardianum wr*[J]. Acta Chem. Scand. 1973, 27（4）：1 439–1 441.

[31] 李满飞，平田羲正，徐国钧等 . 粉花石斛化学成分研究 [J]. 药学学报，1991，26（4）：307–310.

[32] Elander M，Leander K，Rosenblom J，et al. Studies on orchidaceae alkaloids. XXXII. Crepidine，crepidamine and dendrocrepine，three alkaloids from *Dendrobium crepidatum* Lindl[J]. Acta Chem Scand. 1973，27（6）：1 907–1 913.

[33] Luning B，et al. Acta Chem Scand. 1965，19：1 607–1 611.

[34] Inubushi Y，Nakano J. Structure of dendrine[J]. 1965，6：2 723–2 728.

[35] Liu Q F，Zhao W M. A new dendrobine–type alkaloid from *Dendrobium nobile*[J]. Chinese Chemical Letters，2003，14（3）：278–279.

[36] Hiroshi Morita，Masako Fujiwara，Naotoshi Yoshida Junichi Kobayashi. New picrotoxinin– type and Dendrobine–type Sesquiterpenoids from *Dendrobium snowflake* "Red Star" [J]. Tetrahedron，2000，56（32）：5 801–5 805.

[37] Granelli I，Leander K，Luning B. Studies on orchidaceae alkaloids[J]. Acta Chem Scand，1970，24（4）：1 209–1 212.

[38] Inubushi Y，Nakano J. Strueture of dendrine[J]. Tetrahedron Letters，1965，6（31）：2 723–2 728.

[39] Hsienkai Wang，Tonfang Zhao，Chun–Tao Che. Dendrobine and 3–hydroxy–2–oxodendrobine from *Dendrobium nobile*[J]. J Nat Prod，1985，48（5）：796–801.

[40] Okamoto Toshihiko，Natsume Mitsutaka，Onaka Tadamasa，Uchimaru Fumihiko，Shimizu Masao. The structure of dendroxine the third alkaloid from *Dendrobium nobile*[J]. Chem pH 值 arm Bull，1966，14（6）：672–675.

[41] Okamoto Toshihiko，Natsume Mitsutaka，Onaka Tadamasa. et al.The structure of Dendramine（6–oxydendrobine）and 6–oxydendroxine the fourth and fifth alkaloid from *Dendrobium nobile*[J]. Chem pH 值 am Bull，1966，14（6）：676–680.

[42] Okamoto T，Natsume M，Onaka T,et al.Chem pH 值 arm Bull，1972，20：418–421.

[43] Hedman K，Leander K. Studies on orchidaceae alkaloids. XXVII. Quaternary salts of the dendrobine type from *Dendrobium nobile* Lindl[J]. Acta Chem Scand，1972，26

（8）: 3 177–3 180.

[44] Hedman K, Leander K, Luning B. Studies on orchidaceae alkaloids. XXV. N– isopentenyl derivatives of dendroxine and 6–hydroxydendroxine from *Dendrobium friedricksianum* Lindl. And *Dendrobium hildebrandii* Rolfe[J]. Acta Chem Scand, 1971, 25（3）: 1 142–1 144.

[45] Blomqvist Lars, Brandange Svante, Gawell Lars, et al. Studies on orchidaceae alkaloids. XXXVII. Dendrowardine, a quaternary alkaloid from *Dendrobium wardianum* Wr.[J]. Acta Chem Scand, 1973, 27（4）: 1 439–1 441.

[46] Luning Bjorn, Leander Kurt. Studies on orchidaceae alkaloids, III. The alkaloids in *Dendrobium primulinum* Lindl. and *Dendrobium chrysanthum* Wall.[J]. Acta Chem Scand, 1965, 19（7）: 1 607–1 611.

[47] Blomqvist Lars, Leander Kurt, Luning Bjorn, et al. Studies on orchidaceae Alkaloids. XXIX. The absolute configuration of dendroprimine, an alkaloid from *Dendrobium primulinum* Lindl[J]. Acta Chem Scand, 1972, 26（8）: 3 203–3 206.

[48] Ekevag Ulf, Elander Magnus, Gawell Lars, et al. Studies on orchidaceae alkaloids. XXXIII. Two new alkaloids, N–cis– and N–trans–cinnamoylnorcuskhygrine from *Dendrobium chrysanthum* Wall[J]. Acta Chem Scand, 1973, 27（6）: 1 982–1 986.

[49] Leander Kurt, Luning Bjorn. Studies on orchidaceae alkaloids VIII : An imidazolium salt from *Dendrobium anosmum* lindl. and *Dendrobium Parishii* Rchb. f. [J]. Tetrahedron Letters, 1968, 9（8）: 905–908.

[50] Kierkegaard Peder, Pilotti Anne–Marie, Leander Kurt. Studies on orchidaceae alkaloids. XX. The constitution and relative configuration of crepidine, an alkaloid from *Dendrobium crepidatum* Lindl[J]. Acta Chem Scand, 1970, 24（10）: 3 757–3 759.

[51] Elander Magnus, Leander Kurt, Rosenblom Jan, et al. Studies on orchidaceae alkaloids. XXXVII. crepidine, crepidamine and dendrocrepine, three alkaloids from *Dendrobium crepidatum* Lindl[J]. Acta Chem Scand, 1973, 27（6）: 1 907–

1 913.

[52] Elander Magnus, Leander Kurt, Luning Bjorn. Studies on orchidaceae alkaloids, XIV. A pH 值 thalide alkaloid from *Dendrobium pierardii* Roxb[J]. Acta Chem Scand, 1969, 23（6）: 2 177- 2 178.

[53] Yasuo Inubushi, Yoshisuke Tsuda, Takeshi Konita and Saichi Matsumoto. Shihunine : a new pH 值 thalide-pyrrolidine alkaloid[J]. Chem pH 值 arm Bull, 1964, 12（6）: 749-750.

[54] 金蓉鸾，孙继军，张远名 . 11 种石斛的总生物碱的测定 [J]. 南京药学院学报，1981，1 : 9-13.

[55] 丁亚平，杨道麒，吴庆生等 . 安徽霍山三种石斛总生物碱的测定及其分布规律研究 [J]. 安徽农业大学学报，1994，21（4）: 503-506.

[56] 丁亚平，吴庆生，于力文等 . 霍山石斛最佳采收期研究 [J]. 中国药学杂志，1998，33（8）: 459-461.

[57] 陈照荣，来平凡，林巧 . 不同炮制方法对石斛中石斛碱和多糖溶出率的影响 [J]. 浙江中医学院学报，2002，26（4）: 79-81.

[58] 李燕，郭顺星，杨峻山等 . 铁皮石斛化学成分研究 [D]. 北京协和医学院博士学位论文，2009.

[59] 张光浓，毕志明，王峥涛等 . 石斛属植物化学成分研究进展 [J]. 中草药，2003，34（6）: 附 5-8.

[60] 马国祥，徐国钧，徐路珊等 . 鼓槌石斛化学成分的研究 [J]. 药学学报，1994，29（10）: 763-766.

[61] Ma Guo-Xiang, Wang Tian-Shan, Yin Li, et al. Studies on chemical constituents of *Dendrobium chrysotoxum*[J]. J Chin pH 值 arm Sci, 1998, 7（1）: 52-54.

[62] Majumder P L, Supana Pal（Nee Ray）. Rotundatin, a new 9, 10-dihydro pH 值 enanth- rene derivative from *Dendrobium rorundarum*[J]. pH 值 ytochemistry, 1992, 31（9）: 3 225- 3 228.

[63] Chen Chien-Chih, Wu Li-Gin, Ko Feng-Nien, et al.Antiplatelet aggregation

principles of *Dendrobium loddigesii*[J]. J Nat Prod, 1994, 57（9）: 1271–1274.

[64] Majumder P L, Sen R C. Structure of moscatin–a new pH 值 enanthrene derivative from the orchid *Dendrobium moschatum*[J]. Indian J Chem, Sect B, 1987, 26B（1）: 18–20.

[65] TalaPatra S K, Das A K, Chakrabarti S, et al. Chemical constituents of medicinal plants : Part II[J], Indian J Chem, Sect B, 1992, 31B（2）: 133–135.

[66] Yamaki M, Honda C. The stilbenoids from *Dendrobium plicatile*[J]. pH 值 ytochemistry, 1996, 43（1）: 207–208.

[67] Honda C, Yamali M. pH 值 enanthrenes from *Dendrobium pilcatile*[J], pH 值 ytochemistry, 2000, 53（8）: 987–990.

[68] 鞠建华，刘东，杨峻山 . 兰科植物化学成分研究进展 [J], 国外医药 . 植物药分册, 2000, 15（2）: 95.

[69] Fan Chengqi, Wang Wei, Wang YiPing, et al. Chemical constituent from *Dendrobium densiflorum*[J]. pH 值 ytochemistry, 2001, 57（8）: 1255–1258.

[70] 毕志明，王峥涛，徐路珊等 . 流苏石斛化学成分研究 [J]. 药学学报, 2003, 38（7）: 526–529.

[71] Yang Hong, Chou Gui–Xin, Wang Zheng–Tao, et al. Two new compounds from *Dendrobium chrysotoxum*[J]. Helv Chem Acta, 2004, 87（2）: 394–399.

[72] Majumder P L, Guha S, Sen S. Bibenzyl derivatives from the orchid *Dendrobium amoenum*[J]. pH 值 ytochemistry, 1999, 52（7）: 1 365–1 366.

[73] Lee You Hui, Park Jong Dae, Beak Nam In, et al. In vitro and in vivo antitumoral pH 值 enanthrenes from the aerial parts of *Dendrobium nobile*[J]. Planta Med, 1995, 61（2）: 178–180.

[74] Lin T H, Chang S J, Chen C C, et al. Two pH 值 enanthraquinones from *Dendrobium moiliforme*[J]. J Nat Prod, 2001, 64（8）: 1 084–1 086.

[75] Zhang Guang–Nong, Zhong Ling–Yan, Annie Bligh S.W., et al. Bi–bicyclic and bi–tricyclic compounds from *Dendrobium thyrsiflorum*[J]. pH 值 ytochemistry, 2005,

66（10）：1 113–1 120.

[76] Fan Cheng Qi, Zhao Wei Min, Qin Guo Wei. New bibenzyl and pH 值 enanthrenedione from *Dendrobium densiflorum*[J]. Chin Chem Lett, 2000, 11（8）：705–706.

[77] Miyazawa M, Shimamura H, Nakamura S, et al. Moscatilin from *Dendrobium nobile*, a naturally occurring bibenzyl compound with potential antimutagenic activity [J]. J Agric Food Chem, 1999, 47（5）：2 163–2 167.

[78] Bi Zhi-Ming, Yang Li, Wang Zheng-Tao, et al. A new bibenzyl derivative from *Dendrobium moniliforme*[J]. Chin Chem Lett, 2002, 13（6）：535–536.

[79] Zhang Chao-Feng, Wang Min, Wang Lei, et al. Chemical constituents of *Dendrobium gratiosissimum* and their cytotoxic activities[J]. Indian J Chem, 47B：952–956.

[80] Ye Qing-Hua, Zhao Wei-Min. New alloaromadendrane, cadinene and cyclocopacam pH 值 ane type sesquiterpene derivatives and bibenzyls from *Dendrobium nobile*[J]. Planta Med, 2002, 68（8）：723–729.

[81] Zhang Xue, Gao Hao, Wang Nai-Li, et al. Three new bibenzyl derivatives from *Dendrobium nobile*[J]. J Asian Nat Prod Res, 2006, 8（1–2）：113–118.

[82] Zhang Xue, Xu Jie-Kun, Wang Jue, et al. Bioactive bibenzyl derivatives and fluorenones from *Dendrobium nobile*[J]. J Nat Prod, 2007, 70（1）：24–28.

[83] Liu Qun-Fang, Chen Wen-Liang, Tang Jian, et al. Novel bis（bibenzyl）and（propyl pH 值 enyl）bibenzyl derivatives from *Dendrobium nobile*[J]. Helv Chem Acta, 2007, 90（9）：1 745–1 750.

[84] 王宪楷，赵同芳 . 石斛属植物的化学成分与中药石斛 [J]. 药学通报，1986，21（11）：666–669.

[85] Tang Jian, Liu Qun-Fang, Dai Jing-Qiu, et al. A new picrotoxane type sesquiterpene from *Dendrobium densiflorum*[J]. Chin Chem Lett, 2004, 15（1）：63–64.

[86] Hiroshi Morita, Masako Fujiwara, Naotoshi Yoshida, et al. New picrotoxinin–type and dendrobine–type sesquiterpenoids from *Dendrobium snowflake* "red star" [J]. Tetrahedron, 2000, 56：5 801–5 805.

[87] Zhao Weimin, Ye Qinghu, Tan Xiaojian, et al. Three new sesquiterpene glycosides from *Dendrobium nobile* with immunomodulatory activity[J]. J Nat Prod, 2001, 64（9）：1 196–1 200.

[88] Zhang Xue, Liu Hong–Wei, Gao Hao, et al. Nine new sesquiterpenes from *Dendrobium nobile*[J]. Helv Chem Acta, 2007, 90（12）：2 386–2 394.

[89] 张雪，高昊，韩慧英 . 金钗石斛中的倍半萜类化合物 [J]. 中草药，2007，38（12）：1 771–1 774.

[90] Zhang Xue, Tu Feng–Juan, Yu Hai–Yang, Copacam pH 值 ane, picrotoxane and cyclocopacam pH 值 ane sesquiterpenes from *Dendrobium nobile*[J]. Chem pH 值 arm Bull, 2008, 56（6）：854–857.

[91] Ye Qing–Hua, Zhao Wei–Min. New alloaramadendrane, cadinene and cyclocopacam pH 值 ane type sesquiterpene derivatives and bibenzyls from *Dendrobium nobile*[J]. Planta Med, 2002, 68（8）：723–729.

[92] Ye Qing–Hua, Qin Guo–Wei, Zhao Wei–Min. Immunomodulatory sesquiterpene glycosides from *Dendrobium nobile*[J]. pH 值 ytochemistry, 2002, 61（8）：885–890.

[93] Zhao Chun–Sheng, Liu Qun–Fang, Halaweish Fathi, et al. Copacam pH 值 ane, picrotoxane, and alloaromadendrane sesquiterpene glycosides and pH 值 enolie glycosides from *Dendrobium moniliforme*[J]. J Nat Prod, 2003, 66（8）：1 140–1 143.

[94] 杨薇薇，辛浩 . 金钗石斛化学成分研究 [J]. 分析测试技术与仪器，2006，12（2）：98–100.

[95] 张光浓，张朝凤，王峥涛等 . 球花石斛的化学成分研究（Ⅰ）[J]. 中国天然药物，2004，2（2）：78–82.

[96] 邵莉，黄卫华，张朝凤等 . 兜唇石斛的化学成分研究 [J]. 中国中药杂志，2008，33（14）：1 693–1 695

[97] 张雪，续洁琨，王乃利等 . 金钗石斛中联苄类和酚酸类成分的抗氧化活性研究 [J]. 中国药学杂志，2008，43（11）：829–832.

[98] 张雪，高昊，王乃利等 . 金钗石斛中的酚性成分 [J]. 中草药，2006，37（5）：652–655.

[99] Zhang Xue, Xu Jie–Kun, Wang Nai–Li, et al. Antioxidant pH 值 enanthrenes and lignans from *Dendrobium nobile*[J]. J Chin pH 值 arm Sci, 2008, 17（4）: 314–318.

[100] 张光浓，张朝凤，罗英等 . 球花石斛的化学成分（II）[J]. 中国天然药物，2005，3（5）：287–290.

[101] 杨莉，王云，毕志明等 . 束花石斛化学成分研究 [J]. 中国天然药物，2004，2（5）：280–282.

[102] 毕志明，王峥涛，张勉等 . 流苏石斛化学成分的研究（II）[J]. 中国药科大学学报，2001，32（6）：421–422.

[103] 张朝凤，邵莉，黄卫华等 . 兜唇石斛酚类化学成分研究 [J]. 中国中药杂志，2008，33（24）：2 922–2 925.

[104] Yang Li, Han Hao–Feng, Nakamura Norio, et al. Bio–guided isolation of antioxidants from the stems of *Dendrobium aurantiacum* var. *denneanum* [J]. pH 值 ytother Res, 2007, 21（7）: 696–698.

[105] Zhao Chun–Sheng, Zhao Wei–Min. A new bibenzyl glycoside from *Dendrobium moniliforme*[J]. Chin Chem Lett, 2003, 14（3）: 276–277.

[106] 舒莹，郭顺星，陈晓梅等 . 金钗石斛化学成分的研究 [J]. 中国药学杂志，2004，39（6）：421–422.

[107] 蔡雪珠，王文 . 石斛醇提物对家兔血液流变性与凝固性的影响 [J]. 微循环技术杂志（临床与实验），1997，5（2）：71–72.

[108] Fan C. Q., Wang W, Wang Y. P. et al. Chemical constituents from Dendrobium

densiflorum[J]. pH 值 ytochemistry，2001，57（8）：1 255–1 258.

[109] 方泰惠．石斛对大鼠肠系膜的动脉血管的作用[J]. 南京中医学院学报，1991，7（2）：100–101.

[110] 鲍丽娟，王军辉，罗建平．4 种石斛水提物对人宫颈癌 HelaS3 细胞和肝癌 HepG2 细胞的抑制作用．安徽农业科学，2008，36（36）：15 968 – 15 970.

[111] 罗文娟，王光辉，张雪等．金钗石斛茎提取物联苄类化合物对人肝癌高侵袭转移细胞株 FHCC–98 增殖的抑制．中国临床康复，2006，10（43）：150–152.

[112] 罗慧玲，蔡体育，陈巧伦等．石斛多糖增强脐带血和肿瘤病人外周血 LAK 细胞体外杀伤作用的研究[J]. 癌症，2000 19（12）：1 124–1 126.

[113] Wang JH, Luo JP, Zha XQ, et al. Comparison of antitumor activities of different polysaccharide fractions from the stems of *Dendrobium nobile* Lindl. Carbohydrate Polymers, 2010, 79（1）：114–118.

[114] 郑晓珂，曹新伟．金钗石斛的研究进展．中国新药杂志，2005，14（7）：827–830.

[115] 施红，陈玉春，林智诚．石斛复方制剂对小鼠免疫功能的影响．福建中医学院报，1996，6（3）：24–26.

[116] Huang MQ, Cai TY, Liu QL. Effects of polysaccharides from *Dendrobium candidum* on white blood cells and lym pH 值 cell moving inhibition factor of mice. Natural Product Research & Development，1996，8（3）：39–41.

[117] Hwang JS, Lee SA, Hong SS, et al. pH 值 enanthrenes from *Dendrobium nobile* and their inhibition of the LPS–induced production of nitric oxide in macro pH 值 age RAW 264.7 cells. Bioorganic & Medicinal Chemistry Letters, 2010, 20（12）：3 785–3 787.

[118] 赵武述，张玉琴，李洁．植物多糖提取物致有丝分裂反应的分析．中华微生物学和免疫学杂志，1991，11（318）：381–382.

[119] 黄民权，蔡体育，刘庆伦 . 铁皮石斛多糖对小白鼠白细胞数和淋巴细胞移动抑制因子的影响 [J]. 天然产物研究与开发，1996，8（3）：39–41.

[120] Yang H, Sung SH, Kim YC. Antifibrotic pH 值 enanthrenes of *Dendrobium nobile* stems. Journal of Natural Products，2007，70（23）：1 925–1 929.

[121] Yang H，Yang YJ，Sung SH. Antiproliferative constituents isolated from *Dendrobium nobile* stem on hepatic stellate cells. Planta Medica，2008，74（9）：1 059–1 059.

[122] 高建平，金若敏，吴耀平等 . 铁皮石斛原球茎与原药材免疫调节作用的比较研究 [J]. 2002，25（7）：487–489.

[123] 宋广青，刘新民，王琼等 . 石斛药理作用研究进展 . 中草药，2014，45（17）：2 576–2 580

[124] 陈祝霞，时雅旻 . 石斛类药材的红外光谱鉴别研究及其抗氧化活性比较 [J]. 中国现代中药，2007，9（8）：22–27.

[125] 黎英，赵亚，陈蓓怡等 . 5 种石斛水提物对活性氧的清除作用 . 中草药，2004，35（11）：1 240–1 242.

[126] Luo AX, He XJ, Zhou SD，et al.Purification, composition analysis and antioxidant activity of the polysaccharides from *Dendrobium nobile* Lindl. Carbohydrate Polymers, 2010, 79(1)：1 014–1 019.

[127] Luo AX, He XJ, Zhou SD，et al.In vitro antioxidant activities of a water–soluble polysaccharide derived from *Dendrobium nobile* Lindl. extracts. International Jo urnal of Biological Macromolecules, 2009, 45（4）：359–363.

[128] 蔡永萍，于力文，张鹤英等 . 霍山三种石斛茎中抗氧化酶等活性物质的测定 [J]. 中国药学杂志，1996，31（11）：649–651.

[129] 查学强，王军辉，潘利华等 . 石斛多糖体外抗氧化活性的研究 [J]. 食品科学，2007，28（10）：90–93.

[130] Wang S, Wei F J, Cai Y P, et al. Anti–oxidation activity *in vitro* of polysaccharides of *Dendrobium huoshanense* and *Dendrobium moniliforme* [J]. Med Plants Tobacco

Seric, 2009, 10（6）: 121-124.

[131] 黄小燕，党翠芝，杨庆雄 . 金钗石斛的抗氧化活性研究 [J]. 贵州农业科学，2011，39（7）：84-86.

[132] 施红，黄玲 . 石斛抗衰老作用的实验研究 [J]. 中华老年医学杂志，1994，13（2）：104.

[133] 梁颖敏 . 铁皮石斛对雌性衰老小鼠的抗衰老作用及其机理研究 [D]. 广州：广州中医药大学，2011.

[134] 王爽，弓建红，张寒娟 . 石斛多糖抗氧化活性研究 [J]. 中国实用医药，2009，30（4）：15-16.

[135] 李婵娟 . 几种石斛粗提物抗氧化活性的对比研究 [J]. 云南中医中药杂志，2012，33（11）：63-65.

[136] 汤小华，陈素红，吕圭源等 . 铁皮石斛对小鼠急性酒精性肝中毒损伤模型 SOD、MDA、GSH-Px 的影响 [J]. 浙江中医杂志，2010，45（5）：369-370.

[137] 吕圭源，陈素红，张丽丹等 . 铁皮石斛对小鼠慢性酒精性肝损伤模型血清 2 种转氨酶及胆固醇的影响 [J]. 中国实验方剂学杂志，2010，16（6）：192-193.

[138] One M. Antioxidative constituents from Dendrobii Herba（stems of *Dendrobium spp.*）. Food Science & Technology, 1995, 1（2）: 115-119.

[139] 李满飞，徐国钧，吴厚铭 . 金钗石斛精油化学成份研究 . 有机化学，1991，11（2）：219-224.

[140] 华允芬，傅承新，张铭 . 铁皮石斛多糖成分研究 [D]. 浙江大学博士论文，2005.

[141] 陈少夫，李宇权，吴亚丽 . 石斛对胃酸分泌及血清胃泌素、血浆生长抑素浓度的影响 . 中国中药杂志，1995，20（3）：181-182.

[142] 徐建华，李莉，陈立钻 . 铁皮石斛与西洋参的养阴生津作用研究 [J]. 中草药，1995，26（2）：79-80.

[143] 陈云龙，张铭，何国庆等．细叶石斛有效成分分析及其水溶性提取物的血管舒张活性 [J]. 植物资源与环境学报，2003，12（1）：6-9.

[144] 徐国钧，杭秉茜，李满飞．11 种石斛对豚鼠离体肠管和小鼠胃肠蠕动的影响 [J]. 中草药，1988，19（1）：21-23.

[145] 杨涛，梁康，侯纬敏．四种中草药对大鼠半乳糖性白内障相关酶活性的影响．生物化学杂志，1991，7（6）：731-736.

[146] 杨涛，梁康，侯纬敏．四种中草药成分对醛糖还原酶和脂类过氧化的抑制作用．生物化学杂志，1992，8（2）：169-173.

[147] 杨涛，梁康，张昌颖．四种中草药对大鼠半乳糖性白内障防治效用的研究．北京医科大学学报，1991，23（2）：97-99.

[148] 杨涛，梁康，侯伟敏．四种中草药对白内障形成中晶状体脂类过氧化水平及脂类含量的变化．生物化学杂志，1992，8（2）：164-167.

[149] 龙艳，魏小勇，詹宇坚等．金钗石斛提取物抗白内障的体外实验研究．广州中医药大学学报，2008，25（4）：345-349.

[150] 白金丽，温淑湘．金钗石斛提取物抗白内障的体外实验研究．云南中医中药杂志，2009，30（9）：57-59.

[151] 魏小勇，龙艳，詹宇坚等．金钗石斛提取物抗白内障的体外实验研究．现代中药研究与实践，2008，22（2）：27-31.

[152] 魏小勇，龙艳．金钗石斛生物碱抗糖性白内障作用及蛋白质组学效应的实验研究．天然产物研究与开发，2008，20（4）：617-621.

[153] 魏小勇 龙艳．金钗石斛生物碱对糖性白内障大鼠诱导型一氧化氮合酶基因的调控．解剖学研究，2008，30（3）：177-180.

[154] 李秀芳，邓媛元，潘利华等．霍山石斛多糖对糖尿病性白内障大鼠眼球晶状体组织抗氧化作用的研究 [J]. 中成药，2012，34（3）：418-421.

[155] Wei X Y, Chen D, Yi Y C, et al. Syringic acid extracted from *Herba dendrobii* prevents diabetic cataract pathogenesis by inhibiting aldose reductase activity [J]. *Evidence-Based Comp Alternative Med*, 2012（1）: 1-13.

[156] Baynes J W. Perspectives in diabetes：role of oxidative stress in development of complications in diabetes [J].*Diabetes*, 1991, 40（4）: 405-412.

[157] 李菲，黄琦，李向阳等．金钗石斛提取物对肾上腺素所致血糖升高的影响．遵义医学院学报，2008, 31（1）: 11-12.

[158] 黄琦，李菲，吴芹等．金钗石斛总生物碱对四氧嘧啶所致糖尿病大鼠的保护作用．遵义医学院学报，2009，32（5）: 451-453.

[159] 施红，陈玲．石斛合剂对高血糖动物模型的实验研究 [J]. 福建中医学院学报，2000，10（2）: 23-25.

[160] 陈云龙，何国庆，张铭等．细茎石斛多糖的降血糖活性作用 [J]. 浙江大学学报：理学版，2003，30（6）: 693-696.

[161] 吴昊姝，徐建华，陈立钻等．铁皮石斛降血糖作用及其机制的研究 [J]. 中国中药杂志，2004，29（2）: 160-163.

[162] 凌一揆．中药学 [M]. 上海：上海科学技术出版社，1984.

[163] 罗傲霜，淳泽，葛绍荣等．迭鞘石斛多糖降血糖作用研究 [J]. 应用与环境生物学报，2006，12（3）: 334-337.

[164] 刘春荣，潘小炎．石斛临床与药理研究近况 [J]. 广西中医药，2002，25（2）: 6-8.

[165] 张静，连超群，吴守伟等．霍山石斛胶囊降血脂疗效的实验研究 [J]. 中国老年学杂志，2010，30（21）: 3 134-3 136.

[166] 李向阳，龚其海，吴芹等．金钗石斛多糖对大鼠高脂血症和肝脏脂肪变性的影响 [J]. 中国药学杂志，2010，45（15）: 1 142-1 144.

[167] 施红，杨奇红，林雅等．石斛及石斛合剂对糖尿病模型大鼠糖脂代谢的调整作用 [J]. 上海中医药杂志，2004，38（12）: 36-38.

[168] 林雅，余文珍，郑燕芳等．石斛合剂对糖尿病大鼠模型血糖血脂代谢的影响 [J]. 福建中医药大学学报，2012，22（3）: 22-23.

[169] 苏敏，施红．石斛复方制剂对衰老家兔血脂和血黏度的影响 [J]. 海峡药学，1998，10（1）: 13-15.

[170] Zha X Q, Luo J P, Jiang S T. Induction of immunomodulating cytokines by polysaccharides from *Dendhobium huoshanense* [J]. pH 值 *arm Biol*, 2007, 45 (1): 71–76.

[171] Zha X Q, Luo J P, Luo S Z, et al. Structure identification of a new immunostimulating polysaccharide from the stems of *Dendrobium huoshanense* [J]. *Carbohydrate Polymers*, 2007, 69 (1): 86.

[172] Heieh Y S Y, Chien C, Liao S K S , et al. Structure and bioactivity of the polysaccharides in medicinal plant *Dendrobium huoshanense* [J]. *Bioorg Med Chem*, 2008, 16 (11): 6 054–6 068.

[173] 侯少贞，李焕彬，郭建茹等．铁皮石斛镇痛与抗炎作用研究 [J]. 动物医学进展，2012，33（10）：49–52.

[174] 李小琼，金徽，葛晓军等．金钗石斛多糖对脂多糖诱导的小鼠腹腔巨噬细胞分泌 TNF–α NO 的影响 [J]. 安徽农业科学，2009，37（28）：13 634–13 635.

[175] 张俊青，吴芹，龚其海等．金钗石斛生物总碱对脂多糖激活星形胶质细胞产生炎症因子的影响 [J]. 中国药理学通报，2011，27（6）：824–827.

[176] Wang Q, Gong Q H, Wu Q, *et al*. Protective Effects of Denrobium alkaloid in the nerve cell injured by ischemia/reperfusion [J]. *Acta* pH 值 *armacol Sin*, 2006, 1 (Suppl): 103.

第三章　石斛选育和栽培

第一节　石斛选育

一、石斛选育的背景

（一）石斛栽培种

中国目前已定名的石斛原生种有 76 种（含 2 个变种），据《新华本草纲要》（1990 年）、《中国中药资源志要》（1994）及《药用植物辞典》（2005）及其他书籍记载，我国药用石斛有 50 余种。常见的有铁皮石斛、霍山石斛、细茎石斛（铜皮石斛、广东石斛等）、齿瓣石斛（紫皮石斛）、马鞭石斛（（流苏石斛、束花石斛等）、金钗石斛、鼓槌石斛、美花石斛（小黄草）、叠鞘石斛（铁光节）等。目前我国石斛栽培种主要是药用石斛，达 30 余种，2013 年末栽培总面积达 8 376.7 km^2。主栽种约 11 种，分别为：铁皮石斛、金钗石斛、流苏石斛、美花石斛、束花石斛、鼓槌石斛、霍山石斛、齿瓣石斛、兜唇石斛、细茎石斛。其中铁皮石斛、齿瓣石斛、霍山石斛、金钗石斛、鼓槌石斛、流苏石斛、美花石斛、束花石斛等种类已形成规模种植。栽培区域从传统的浙江、云南扩展到广西、广东、福建、安徽、贵州、江苏、北京、上海等15个省市区。

（二）石斛栽培种种源现状

目前我国石斛栽培种种源极为混杂，基本可以分为3类：第一类为产业起步时期通过野生石斛种子播种、野生石斛丛草分株、扦插等扩繁驯化栽培的，这一类种源较为纯正，但来源较为复杂，有的来自缅甸、老挝、印度等境外，均无明确的记载，且为各种内生态类型（变异类型）甚至不同的种混栽。第二类为规模扩张时期组培车间生产的，这一类种源混杂程度最高，一部分来源于野生石斛的种子，但组培厂家大部分不清楚种子真正的来源。另一部分来源于从各栽培基地挑选的株系经过人工授粉获得种子再进行组培。这一时期由于“一苗难求”，部分组培工厂只要是石斛种子就进行生产，完全不顾种子来源和种源特性，导致同一家组培车间生产出来的种苗种植生长的药材形态外观、生长习性和药材质量等差异很大，更有甚者为片面追求产量进行不同种之间的杂交，出现了有兜唇石斛长、粗的类似“铁皮石斛”等现象。同时这一时期的种源流动较大，一是部分组培工厂四处搜寻种子，二是部分种植户只要是栽培意向的种类就购买，完全不顾适不适合所在区域种植。这一时期的石斛栽培有较大的比重脱离了中药材“道地性”栽培原则。第三类为较有实力的企业及科研院所选育的优良品种，这一类种源较为纯正，品质较为保证。石斛栽培种种源极其混杂的现状导致了目前石斛混栽现象突出、“道地性”原则缺失、产品质量良莠不齐，药效较难保证。

二、石斛良种选育的意义

不同种类的石斛，有效成分的种类和组分比例相差较大，同种不同地区的变异类型（品种或品系）由于长期环境适应的关系，其药用成分含量也存在较大的差异。石斛品种选育是指选择适应于当地环境条件，在植物形态、生物学特性以及产品质量上都比较一致、性状比较稳定的石斛植株群体。石斛优良品种是指在一定地区范围内表现出有效成分含量高、品质好、产量高、抗逆性强、适应性广、遗传稳定的石斛植株群体。选育石斛良种在其道地产区内发展，不仅能保证药材的“道地性”，同时能体现石斛产品的特色和优势，丰富产品种类，提高市场竞争力。石斛良种选育是破解当前产业发展难题、保证石斛产业持续、健康发展的主要途径之一。

三、石斛良种选育方法

（一）石斛种质的收集和整理

石斛品种选育应充分利用自然界的生物多样性，即利用石斛由于长期的自然选择和人工选择所形成的具有一定特色的种质资源，表现出植株形态、抗性、产量、有效成分含量等方面的个体差异，这是选育的物质基础。

要进行深入调查、广泛收集种质资源，并对所收集的种质资源进行鉴定与整理。

（二）石斛种质的保存

种质资源圃保存是目前石斛种质保存的主要方法。种质资源圃建设要根据各种石斛的分布规律和原产地自然环境条件来确定，应创造与原产地尽可能相似，尽量降低因环境条件改变所造成的生长不适应性，提高保存质量。在种植保存过程中还要尽量避免天然杂交和人为

混杂，以保持石斛种质的遗传性和种群结构。石斛种质保存还可建设种质资源库进行保存。

（三）石斛良种选育

采用选择育种法对同一个种间的变异类型按照选育目标进行优选育成新品种。通过物理、化学手段分析其有效成分及含量，对其进行药用成分评价，并建立鉴别和质量评价指标体系，以确保优质品种的稳定性和可靠性。

可尝试进行同一个种间的杂交选育，目前不提倡不同种间的杂交选育及人工诱变选育。

（四）石斛良种繁育

可通过种子快速育苗、组培和扦插等方法进行良种繁育（具体繁育方法见种苗培育）。

第二节　石斛栽培

一、种苗培育

石斛种苗的繁殖方法分有性繁殖与无性繁殖两大类。在石斛的天然生长过程中，以有性繁殖为主，无性繁殖为辅，人工栽培则以无性繁殖为主。有性繁殖是指通过种子下种，生根发芽长成植株，无性繁殖是指利用种苗、茎秆、芽及植株的某一器官，长成新的植株。

（一）有性繁殖

即种子繁殖。种子繁殖须具备适宜温度、适中光照、足够的水分三个必要条件，缺一不可。目前，采用种子自然播种育苗的方法有拌鲜牛粪涂抹法、对水喷洒法、对米汤喷洒法、大棚配基质播种法和种子快速育苗等。

种子快速育苗：是借助高新技术手段，利用尚未充分成熟的种子（蒴果尚未开裂），经严格地消毒并在无菌的条件下植入培养基中。培育过程中分为扩繁期和育苗期。经 60~80d 的培养，待种子萌发显现小叶时，将其取出移植于另外的培养瓶中使其生长空间加大，待继代苗又长满培养瓶时，再进行扩繁，称为扩繁期；调整培养基配方，使其生根，称为育苗期；待根系发达，每株生长 2~5 根，根长 2~5cm，株茎高 4~8cm，取出到炼苗床上进行炼苗，待炼苗达到移栽大田种苗标准时（根系较发达），即可移植于树上或基质上进行大田种植。

1. 种子采集

（1）野外与室外人工种植留种地隔离带 1 000m 范围内无其他种类石斛，大棚留种应在独立大棚内人工授粉。

（2）留种株应该选择品种特性纯正、生长健壮的植株。

（3）在 5~6 月盛花期进行授粉，母本在授粉后立即摘除唇瓣，及时挂牌标志。

（4）开花后 6~8 个月，选择饱满的果实采收。

2. 种子处理

采收的蒴果应保存于 4℃的冰箱中，用酒精（70%~75%）或次氯酸钠（1%）消毒 10s 后进行无菌播种。

（二）无性繁殖

即利用石斛自身的种苗、茎条、芽及植株的某一器官培育种苗，目前主要采用以下几种育苗方法。

1. 分株繁殖法

在春季气候变暖的 3~4 月进行。选择长势好无病虫害、根系发达、萌芽多的种植 1~2 年的植株作种株，将其连根拔起，除去枯死枝，适当修剪过长的须根，保留 5~10cm。按茎条的多少分成若干

从，每丛保留 3~5 条茎，即可作为种苗。

2. 扦插繁殖法

（1）插穗选择：母本园要求品种纯正、生长健壮、无病虫害、种植 1~2 年、肥料施用以氮、钾肥为主，插穗选择节间粗短、饱满的当年生鲜条（成熟时俗称白条）。

（2）插穗处理：当母本园 80% 的插穗出现休止叶时，叶面喷施细胞分裂素 800~1 000 倍液 1~2 次（间隔 5~7 d）促腋芽分化，当插穗 30% 叶片老熟自然脱落（九成熟）时剪取。将剪下的白条用 0.3% 高锰酸钾药液浸泡 5min 消毒杀菌，在太阳光下晒至剪口显白色，再进行晾晒直至失水 20%~30%，保存于 22~25℃的环境恒温处理，注意插条摆放不能互相重叠、挤压。出现花芽时及时剪除，剪时注意保留花柄。

（3）扦插方法：3~4 月，腋芽开始陆续萌发，将已萌发的芽按 1~2 个节剪下，用 0.3% 高锰酸钾药液浸泡 5min 消毒杀菌，然后晾晒至伤口显白色，平放于搭建好铺有基质（选用杉木锯末）经消毒杀菌的育苗床上，密度以不互相重叠为宜。温度保持 20~25℃，湿度 80%~90%，用 80% 遮光度的遮阳网遮光，加强水分管理及病虫害防治。待茎节腋芽萌发长至 2~3cm，根系长出 2~3 条，长达 1~2cm 时即可进行移栽。不萌发腋芽的茎条继续留在恒温室内，6 月以前基本能萌发腋芽。注意要随时检查花芽萌发情况并及时剪除。

3. 高芽繁殖法

宜在每年的 5~7 月进行为佳。当年白条采收时留下的肉质茎，从剪口、叶腋间发出的新芽，称高芽，待其气生根长到 1~2cm 时，直接移栽大田或苗床。

4. 埋条繁殖法

初春季利用种植 1~3 年以上无病虫害的老茎用手撕成单条，平放于苗床上，然后用碎树皮拌锯木屑等物适当覆盖，厚度以盖半露半为宜，经数月后陆续于叶腋间长出新芽并长出不定根。待根长达1~2cm，新芽长达2~3cm，带节剪下移栽。移栽时间可在当年6~8月或春节无霜后进行。

5. 组培苗繁殖

采用剥取石斛茎尖与芽的生长点，少数采用茎条芽一部分，经严格消毒后，在无菌条件下植入培养基中，经2~3个月的培养，在培养过程中，小苗不断分生，以1变2、2变4逐渐扩大，待小苗长满培养基时，再取出分植，称为继代或扩繁，经过几次扩繁后，再改变培养基成分，促其生根，待生根苗长到一定的高度时，即可取出进行炼苗。当炼苗高达8cm以上、发育充实、根系发达、茎条粗壮，即可出圃栽植。

（三）种子快速育苗及组培苗炼苗

1. 可进行炼苗的标准

种子快速育苗或组培苗经培养室7~8个月培养，生长健壮、叶色正常、根3~5条，长3cm以上，无黑色根，无畸形，无变异、肉质茎有3~4个节间，长有4~5片叶的便可进行炼苗。

2. 炼苗设施准备

（1）搭建专业脱温炼苗大棚。搭建专业钢架脱温大棚及组培苗摆放设施，自动升降棚膜来调节棚内温度。

（2）搭建炼苗塑料大棚或简易塑料小棚和育苗床，基质用碎砖+细木炭+细树皮颗粒或刨花+锯末+细树皮颗粒配制，可适量加腐熟农家肥，增加肥力，基质进行严格消毒杀菌。对基质进行高温消毒杀菌，并进行堆捂，充分发酵。基质厚度5~8cm。

3. 炼苗方法

（1）脱温炼苗：将达到炼苗标准的组织苗从组培室移至脱温大棚，按苗的长势分级，然后整齐摆放在炼苗架上，保持棚内温度

25~28℃，不能超过30℃（超过会出现烧苗），湿度控制在60%左右，遮光度为70%~80%，定期不定期进行检查，防止污染，进行脱温炼苗2个月以上。

（2）出瓶前处理：将经脱温组培瓶苗移至炼苗棚放置一周左右，再打开瓶塞放置2~3 d，让瓶苗从封闭的环境向开放的环境过渡，慢慢适应炼苗棚环境。

（3）出瓶：将培养基与苗一起轻轻取出，整齐放置于盆中，首先用自来水洗净培养基，特别要洗掉琼脂，以免琼脂发霉引起烂根，再用自来水清洗一次，经清洗的苗用0.3%高锰酸钾药液浸泡5 min，然后晾晒至根部发白进行移栽。

4. 移植

移植前将基质浇透水，移植时用手指在基质上挖2~3cm深小洞，轻轻把石斛根部放入小洞，要尽量少伤根系，使根系舒展，然后覆盖，覆盖深度适宜（基质覆盖至根颈处，裸露根颈），每丛2~3苗，株行距5cm×5cm，400丛/㎡。移栽时间以4~6月为最佳。

5. 管理

移植后一周内不需浇水，以防湿度过大而烂根，温度保持20~25℃，湿度80%~90%，加强肥水管理、病虫害防治。移栽后用两层遮光度40%~50%的遮阳网遮光，生根后根据苗龄及长势逐步增加光照，直至完全掀去棚膜，使苗逐步直至完全适应自然环境，炼苗时间3~6个月。

二、栽培方式

石斛人工栽培可分为仿野生栽培和集约化设施栽培两类。仿野生栽培，就是选择栽培条件或人为创造栽培条件与野生石斛生境相同或相似，仿照野生石斛生长进行栽培的方式。此法能保证石斛的品质，但由于要模仿野生条件，不人为进行干预，较难达到高产；石斛设施集约化栽培，就是根据石斛生长发育规律，人为创造设施条件进行石斛规模集中栽培的方式。此法能最大限度的提高产量，但由于规模集中栽培导致病虫害发生严重及各种高产措施的使用导致所产石斛品质与野生石斛有较大差异，品质较难保证。不同的石斛种类由于生物学特性、生长发育规律及栽培区域的不同，适宜的栽培模式也不相同，呈现栽培模式多样性。现以龙陵紫皮石斛为例介绍栽培模式。

（一）仿野生栽培

1. 自然树仿野生栽培

选择天然林中树干适中、树冠茂盛、树皮疏松（有纵裂纹）、易管理的自然林（如桤木树、栎树、核桃树等）作为附主树。林间透光度25%~35%为宜，将种苗在距地面50~60cm的高度用棉线或稻草绳呈螺旋状自上而下固定在树干的两侧，株距10~15cm，种苗露出茎基，保护根、芽，新根尽可能的接触树皮（图3-1）。

图3-1　龙陵紫皮石斛自然树（栎木）仿野生栽培

2. 移活树仿野生栽培

选择易移栽成活直径10cm左右的树木（如密桐、刺桐树）按45°角、株行距4.5m×4.5m斜栽，移植成活后将种苗在距地面50~60cm的高度用棉线或稻草绳呈螺旋状自上而下固定在树干的两侧，株距10~15cm，种苗露出茎基，注意保护根、芽，新

图 3-2　龙陵紫皮石斛移活树（密桐）仿野生栽培

根尽可能的接触树皮（图 3-2）。

（二）集约化设施栽培

1. 独横木栽培

利用不易脱皮的圆木（杉木最好），搭成高 80~130cm，宽 90~160cm（3~6 棵圆木，棵距 20cm），长度根据圆木长度和地势而定，将种苗用棉线或稻草绳按 10~15cm 的株距三角形错位固定在圆木的两侧，圆木间用边皮木板或竹片架设并铺筑基质，用 65%~80% 的遮阳网遮阳（图 3-3）。

图 3-3　龙陵紫皮石斛独横木栽培

2. 槽式栽培

用木材加工的边皮废料制作成长190cm，上口宽25cm，下底宽15cm，高20cm的木槽（可根据实际制作不同规格的木槽），木槽放置时要留出高差以便于排水。首先将较粗的基质铺垫木槽底部约5cm，然后再铺垫5cm一般基质，再将种苗按10~15cm株距固定在槽内两侧，茎基离基质2~3cm。栽培完成后将木槽固定于60~80cm高的支架上，支架做成高低式，木槽放置后形成15°~35°倾斜角，用65%~80%的遮阳网遮阳（图3-4）。

3. 槽+圆木栽培

木槽制作及放置同上槽式栽培法，栽培时先在木槽内铺垫4~6cm厚的基质，将选好的圆木（圆木宜选用刚砍下、较直、树皮生、水分含量高的杉木树）放在槽中基质上，将种苗用棉线或稻草绳按10~15cm的株距三角形错位固定在圆木的两侧，茎基离基质2~3cm。槽中放木时，可一槽一棵，也可一槽多棵，应根据槽的大小

图3-4 龙陵紫皮石斛槽式栽培

图 3-5　龙陵紫皮石斛槽 + 圆木栽培

图 3-6　龙陵紫皮石斛床式栽培

图 3-7　龙陵紫皮石斛床 + 圆木栽培

和所选树木而定，用 65%~80% 的遮阳网遮阳（图 3-5）。

4. 床式栽培

利用竹片或木材加工的边皮废料做底，做成床高 10~15cm、床宽 100~120cm、床长因地而定、支架高 60~80cm 的种植床，先在床上铺垫 5~10cm 的基质，按 20cm 的行距垒成高 3~5cm 的墒，将种苗按 10~15cm 的株距种植在种植墒上，茎基离基质 2~3cm，用 65%~80% 的遮阳网遮阳（图 3-6）。

5. 床 + 圆木栽培

种植床制作同床式栽培法，栽培时先在床内铺 4~6cm 厚的基质，再根据床宽用长 100~120cm、直径 5~8cm 的圆木（圆木宜选用刚砍下、较直、树皮生、水分含量高的杉木树）按 12~15cm 行距放置。将种苗用棉线或稻草绳按 10~15cm 的株距三角形错位固定在圆木的两侧，茎基离基质 2~3cm，根系紧贴树皮，用 65%~80% 的遮阳网遮阳（图 3-7）。

三、栽培措施

如上所述，不同的石斛种类由于生物学特性、生长发育规律及栽培区域的不同，栽培措施也要因其而异，总的原则是围绕其生物学特性、生长发育规律及栽培区域自然条件去设计和实施栽培措施。现以龙陵紫皮石斛为例介绍栽培措施。

（一）选择一块好地

1. 选地的原则

有条件的地区应选择海拔 1 400~1 800m 的亚热带及温凉带地区，年平均气温 12~21℃，极端最高气温不超过 32℃，极端最低气温不低于 2℃，无霜期 200~300d/ 年，光照充足、早朝阳或者南北向，有优质水源的阳坡地、稀疏林、低产农田、台地，不宜选择阴坡地、凹子地。应选择距离交通主干道 100m 以外，生态环境良好、不受污染源影响或污染源限量控制在允许范围内。

2. 整地

（1）台地：确定地块后，将台地上的杂草、农作物的茎秆及生在土中的根挖出、晒干，集中用火烧毁，消除在地中过冬的病虫害，同时修排水沟防止地块积水。

（2）坡地：将地边树的细枝，病虫枝修除，同时用杀虫剂杀蚊壳虫、蚜虫等害虫。修下的树枝、树叶、杂草应集中烧毁。

（二）整理一个规则墒面

墒面整理应在种植前 1~2 个月前整理完毕，并对墒面进行消毒。墒面支架可以用空心砖或者钢架搭建，支架上可以用大竹或木材加工废料搭建用做墒面。搭建的塑料大棚可配备遮阴网、喷雾和灌溉等设施设备。

（三）准备一份生态基质

基质选择是种植石斛成败的关键环节。生态基质可选择林下腐殖质、树皮或大块木渣（树皮、木渣应碎成小块，除去粉末）、刨花、

腐熟农家肥、绿肥、草木灰等，按腐殖质 40%、树皮或木渣 30%、刨花 15%、农家肥 10%、绿肥和草木灰 5%配比制作基质，农家肥不宜超过 15%，同时对基质进行高温消毒杀菌、消灭草籽，并对基质进行堆捂，充分发酵。

（四）选择一丛优质种苗

选择根发达、茎粗壮、不带病的野生苗或人工繁育苗（组培苗、扦插苗）作为种苗，并将种苗进行分级并直立置于阴凉处晾放，切忌横放或堆放。种植平均密度一般以 40~50 株 / ㎡为宜，高海拔低温地区种植平均密度可适量增大，低海拔高温地区种植平均密度可适量降低。

（五）选择一个最佳定植期

不同的地理区域有不同的定植期。龙陵紫皮石斛分为春季、秋季两个定植期。春季定植期为 3~4 月，秋季定植期为 8~10 月，通常情况以春季定植为主。

（六）选择一种适宜的栽培方法

根据实际情况，选择上述仿野生和集约化设施栽培方式中的一种或几种栽培方式。

（七）实施一套科学的园地管理技术

园地管理技术要点：①注意保持田间清洁卫生，清除病株、病叶、杂草、农药袋（瓶）等，并带出大田外统一处理；②保持大田排水性、通风性，做到墒无积水；③注意病虫害的防治；④从 9 月 1 日开始，停药、停肥和控水；⑤掌握好鲜条成熟度，适时采收，提高石斛鲜条品质。

1. 光照

在生长期，采用遮阳降低光照。龙陵紫皮石斛忌阳光直射暴晒或长期阴暗，一般要求有 10~12h 的 60%~70% 的光照强度的光或散射光，按照不同的海拔选择 65% ~85% 荫蔽度的遮阴网。

2. 温度

龙陵紫皮石斛适宜生长的平均温度为 14~18℃，床面温度以 25℃为佳。空气湿度 60% ~85% 为宜。

3. 水分

龙陵紫皮石斛栽种后应保持湿润的气候条件，基质以偏干为好，栽种后视植株生长情况在第三天开始进行第一次浇水，栽培基质持水量保持在 30% 左右。若天气干旱，可结合追肥进行灌水，但不能浇水过多，忌积水烂根。如遇伏天干旱，可在早晚利用喷雾浇水，切勿在高温和低温或阳光暴晒下进行。

4. 防雨

多雨地区和雨季，过多的雨水会造成烂根和病虫害发生，应用塑料薄膜搭成雨棚，防止过多的雨水对紫皮石斛造成伤害，并及时排水。

5. 防冻

首先选择无霜区域种植石斛避免冻害，如需在有霜区种植，应采取防霜冻措施，并根据低温霜冻的具体情况进行防霜冻，有些地块在床上加盖塑料薄膜就行，但有些地块必须加盖草帘、塑料编织袋、毛毡等，最好把苗床温度保持在 4℃ 以上防冻。防冻措施应在生长停止后的 11 月底前进行。

6. 除草

俗话说“三分种、七分管”。除草应坚持“除早、除小”的原则，栽种后应及时人工除草，减少病虫害发生。手工除草时，应左右手配合，一般是以左手压住草根，右手拔草，以防草根将石斛根系带起或弄断石斛根系。

7. 施肥

施肥主要包括施底肥和施追肥。底肥可用腐熟农家肥、绿肥、刨花、草木灰、树皮等混合堆捂发酵后在发新芽前施用。追肥应本着生态、环保、高效的植保方针，用叶面喷洒或浇灌等方式，幼苗期以农家肥水、沼液和绿肥蒿子等配合使用为主，植株长大后可适当加一些氮、磷、钾肥，但要注意施用浓度，以免产生肥害。生长前期用沼液比例为 1 ∶ 3 对水喷施，生长旺盛期可用 1 ∶ 2 或 1 ∶ 3 的沼液喷施。或每次每平方米施用农家肥 0.1~0.15kg。进入秋季成熟期停止追肥，进入冬季休眠期和低温时严禁施肥。

四、病虫害防治

（一）综述

石斛喜温暖、湿润、半阴的环境，由于茎叶肥厚，营养丰富，生性娇弱，易遭病虫为害，特别是病害发生时，受害部分会发生腐烂，有时会引起整株死亡，加之病虫发生时高温高湿的环境条件，病虫害繁殖快，难以控制与防治。

石斛病虫害防治应遵循“预防为主，综合防治”的植保方针，以农业防治为基础，综合运用生物、物理、化学等手段将病虫害控制在不成灾水平。施用农药应按照《中华人民共和国农药管理条例》的规定，采用最小剂量并选用高效、低毒、低残留农药，以降低农药残留和重金属污染，确保石斛产品安全及保护生态环境。

1. 检疫

对从外地引进的石斛种苗和购入的石斛产品开展植物检疫，杜绝石斛检疫性病虫害的传入。

2. 农业防治

通过改进栽培技术措施，使环境条件不利于紫皮石斛病虫害的发生而有利于紫皮石斛的生长发育，消灭或控制病虫害发生。包括场地预处理、选择控病虫品种、建立无病虫种苗基地、加强栽培管理等措施。

3. 物理机械防治

利用各种器械和各种物理因素来防治紫皮石斛病虫害的发生。包括捕杀、诱杀、阻隔及热处理等方法。

4. 生物防治

利用生物及其代谢物质来控制紫皮石斛病虫害的发生。包括以虫治虫、以菌治虫、以鸟治虫、以激素治虫、以菌制菌等方法。

5. 化学防治

选择高效低毒低残留的化学农药，改变施药方式及减少用药次数来防治紫皮石斛病虫害的发生。

（二）石斛常见病虫害及其综合防治技术

石斛在栽培过程中，受到有害生物的侵染和不良环境条件的影响，正常新陈代谢受到干扰，从生理机能到组织结构上发生一系列的变化和破坏，以致在外部形态上呈反常的病变现象，如枯萎、腐烂、斑点、霉粉、花叶等，统称病害。石斛病害分为生理性病害（也称非侵染性病害）和侵染性病害（也称寄生性病害）两大类。

1. 生理性病害

由非生物因素如旱、涝、严寒、养分失调等影响和损害生理机能而引起的病害，没有传染性，称为非侵染性病害或生理性病害（表3–1）。

【发病原因】紫皮石斛生理性病害发生，往往是因基质湿度过大，基质过细，基质水分不足，干旱、光照不足，过阴、高温晒伤、低温霜冻、施肥不当、氮肥施用过多、使用农药浓度过大等原因引起。

【发病症状】由积水造成的症状往往是根系腐烂，形成“脱裤子”

状，叶片逐渐脱落，无明显病斑，茎不膨大。由于高温高湿，强光，气温长时间超过32℃，造成的症状是叶片干卷、发黄、发红、茎部膨大、干缩，根系干枯。气温长时间低于0℃以下，没有防霜措施，则会出现冻害，其症状表现为根系、茎条烂瘫，全株腐烂死亡。施肥和施用叶面肥、农药、激素时浓度过大造成的症状是叶尖干枯，根系发黑，重者腐烂，新根迟迟不发，叶片干枯脱落，没明显病斑。

【防治措施】防止石斛生理性病害的发生在于科学种植，科学管理、保证栽培床不仅透水，还需透气；栽培基质不仅要保水，还要不积水。雨季用拱棚防雨，冬季防霜；随时调整光照强度，强光高温天盖双层遮阴网，阴雨连天盖一层，冬天除用小拱棚保温外，白天盖一层网，晚上盖两层网。施药和施叶面肥时在下午进行，切忌中午施用；气温高时施肥、施药浓度低于常用量，低温、多雨、湿度大，浓度按常用量或高于常用量施用；生长后期施肥以施磷钾肥为主，少施或不施氮肥、农家肥、绿肥。

表3–1 石斛生理性病害症状、病因分析、防治措施

生理症状	病因分析	采取措施
假鳞茎、叶枯萎、生长缓慢、烂根	水分过量，基质瘠薄	减少浇水，基质严重腐烂的要及时更换
假鳞茎、叶枯萎、生长缓慢、根完好	缺水或湿度小	增大空气湿度，经常浇水
叶变黄变紫	光太强或水太多	多遮阴，控制浇水几周
叶变黄、脱落	落叶属正常，将进入花芽分化期	控水，控肥
叶有黑色、褐色病斑、叶尖干枯	光太强	加大遮阴度，若斑点继续扩大则是病害
叶蔫，基部变软	基质浸满水	控制水分，让基质保持干燥
叶先端变黑	肥料太多，直射光强烈	需遮阴，减少施肥

续表

生理症状	病因分析	采取措施
植株生长瘦弱，叶片较薄	无正常的生长周期，光太弱	白天渐增加光照，夜间基质保持相对干燥
花芽脱落	湿度不稳，光照不适	给予温暖环境，适宜光照

2. 侵染性病害

由生物因素如真菌、细菌、病毒等侵入植物体所引起的病害，有传染性，称为侵染性病害或寄生性病害（图 3-8）。侵染性病害根据病原物的不同，可分为以下几种。

（1）真菌性病害：由真菌侵染所致，种类最多，一般在高温高湿时易发病，病菌多在病残体、种子、土壤中过冬。病菌孢子借风、雨传播。在适合的条件下病菌孢子萌发，长出芽管侵入紫皮石斛组织内为害。可造成紫皮石斛倒伏、死苗、斑点、萎蔫等病状，在病部带有明显的霉层、黑点、粉末等征象。

①炭疽病。

【病原】刺盘孢菌（Collectorichum spp.）。

【发病规律】病菌主要随病株或残株混入基质或肥料中越冬，石斛病部产生的分生孢子靠风雨传播引起再次侵染。炭疽病对温度的适宜范围较广，只要日平均温度在 12℃以上，夜间最低温度不低于 5℃此病均可发生，发病最适宜温度 25~30℃，雨水对该病的发生和蔓延起决定性作用，分生孢子需雨水冲溅才能飞散传播；孢子落到石斛叶片表面后，又需水膜才能萌

图 3-8　龙陵紫皮石斛炭疽病

发侵入，因此，6~8 月雨水较多，排水不良发病比较普遍。

【防治措施】

农业防治：选择优良品种，保证苗床清洁无菌；保证棚内通风透气、空气流通、光照充足；避免寒害、日灼，施足肥料，增强植株抵抗力；发病时要严格控水，避免浇“当头水”。

物理防治：及时摘除病残枝，并集中烧毁。

生物防治：用生物杀菌剂“苦参碱 1 200 倍液 + 极可善 600 倍液”喷施进行预防，间隔 7~10d 喷施一次。

化学防治：预防及发病初期用 50% 多菌灵 800 倍液、75% 甲基托布津 1 000 倍液或 75% 百菌清 600 倍液喷雾；防治用 75% 甲基托布津 1 000 倍液喷雾，发病较重的地块用 25% 晴菌唑 5000 倍液、65% 代森锌 600 倍液喷雾，间隔 7~10d, 连续喷施两次。

②锈病（图 3-9）。

【病原】铁锈病的病原为驼孢锈菌（Hemilleia），褐锈病的病原为夏孢绣菌（VredoJaponica）。

【发病症状】铁锈病：病原菌入侵后，叶端背表层鼓起许多芝麻粒大小的铁褐色凸状物。数日后，凸状物破裂，露出锈色粉状物，即病状孢子。孢子随风飘扬，重复侵染植株。由于早期病斑细小，色彩不明显，因此在叶面上不易觉察到。到能发现病斑时，其病菌孢子已扩散了。这就给病情测报、防治带来了很大的困难。褐锈病：发病最初在叶面边缘出现淡褐色至橙黄褐色的细小斑点，然后逐渐扩大，蔓延成片，直到叶片枯落。病斑连

图 3-9　龙陵紫皮石斛锈病

成片时，褐色转黑，斑缘常有黄晕。

【发病规律】锈病必须在叶片有水滴、水膜或空气温度饱和的条件下才能萌发。因此，有雾、下雨都有利于锈病的发生，锈病发病的适宜温度为9~16℃，最低温度2℃，最高温度26~30℃。同时一般石斛种植区地势低洼、基质黏重、排水不良，氮肥偏施过多，石斛叶片茂密旺盛，均有利于病菌的侵入和为害。发病较为严重。

【防治措施】

农业防治：防止根部基质过湿，控制浇水，疏松基质以利通气，加强小环境的空气流通。

物理防治：零星发病及时摘除病叶，控制传染。

生物防治：用生物杀菌剂“苦参碱1 200倍液＋极可善600倍液”喷施进行预防，间隔7~10d施用一次。

化学防治：经常检查叶背面，喷药防病时注意喷及叶背面。预防或发病较轻地块可喷施代森锌500倍液、25%阿米西达10ml+10%世高10g对水15kg喷雾，每隔7~10d一次，连续2~3次。此方法不抑制石斛生长；发病较重的地块用25%三唑酮1 000倍液喷雾，但有一定的抑制作用；还可用锰锌·晴菌唑750倍液、施保功1 500倍液、兰威宝800倍液和敌力康1 000倍液喷雾防治。

③疫病（图3-10）。

【病原】主要由恶疫霉（pH值ytojbAthora cactorum）和终极腐霉（Pythium wltmum）引起。

【发病症状】石斛根、茎、叶均受害。多从成熟叶片的中段侧缘发生，因各地气候与生态条件的不

图3-10　龙陵紫皮石斛疫病

同而不同，有的先从叶基或叶端开始，受害早期，叶色不变，受害部位像被揉搓受伤状，产生深绿色水渍状斑点，在潮湿的环境下迅速扩大，腐败变黑，呈湿性腐烂状，造成落叶，病斑边缘无明显界限，雨后或有露水的早晨，病斑边缘生出一圈浓霜状白霉，叶背特别明显，是鉴定石斛疫病的重要特征。受害严重时，叶片如开水烫过一样，整片焦黑腐烂，发出特殊的腐败臭味，在晴燥天气，病斑干枯呈褐色，无白霉产生，干燥后呈黑色，未直接受害的部分组织，因输导组织被破坏而枯萎，并变为黑色（此病可采用保湿培养法鉴定）。疫病与黑腐病在晚期的斑色虽然相同，但是疫病的受害部位与早期斑色却不同。

【发病规律】石斛疫病病菌孢子在相对温度 85% 以上，温度 18~22℃容易萌发，所以天气潮湿、多雨雾，最适宜病害的发生和流行；反之，气候干燥、雨水少，病害就不发生或很轻。石斛生长中后期温度条件一般能满足发病要求，故雨水湿度对此病害的发生起决定性作用，通常地势低洼、排水不良、湿度过大、偏施氮肥、或基质瘠薄、营养不良、植株衰退、抗病力下降，有利于疫病的发生。

【防治措施】

农业防治：选用无病种苗；加强管理，保证棚内通风透气、空气流通、光照充足；发病时要严格控水，避免浇“当头水”。

物理防治：加强田间检查，发现零星病株及时拔除，同时做好隔离，防止扩散。

生物防治：用生物杀菌剂“苦参碱 1 200 倍液 + 极可善 600 倍液”喷施进行预防，间隔 7~10d 喷施一次。

化学防治：发病初期用 75% 百菌清 600 倍液或 70% 甲基托布津 1 000 倍液喷雾；防治用 25% 甲霜灵可湿性粉剂 600 倍液或 40% 疫霉灵可湿性粉剂 250 倍液喷雾；发病较重地块用 25% 晴菌唑 5 000 倍液或 65% 代森锰锌 800 倍液喷雾，间隔 7~10d 连续喷施 2 次；还可用70%卡霉通、医用氯霉素针剂1 000倍液等药剂进行防治，兼治疫病的药剂可用50%扑海因1 500倍液、10%世高1 500倍液等。

④枯尖病（图3-11）。

图3-11 龙陵紫皮石斛枯尖病

【病原】待查证。

【发病症状】枯尖病病菌侵染叶端时，叶端出现圆形或不规则形的褐色斑。一旦病斑密集连成片，叶端便枯死，病斑上即长出黑色孢子囊。一般从心叶开始发病，心叶枯萎腐烂，并有刺鼻腥味。该病的最大特点是，病斑与健康组织的界限非常整齐。

【发病规律】田间气温在15~17℃以上开始发病，25~28℃最适病菌生长，潜育期短，病菌侵入至病状表现只需3d左右，超过30℃的连续高温不利于发病，本病发生所需的相对湿度条件是85%~100%，叶面上出现一层水膜，则有利于菌脓扩散和病菌侵入，故本病在气温25℃以上，雨日多、雨量大就适宜病害的发生和流行。

【防治措施】

农业防治：控制氮肥施用量，注意肥料养分施用平衡，氮肥施用过多或偏施氮肥易诱发此病；加强水分管理，气温低时上午浇水，气温高时下午浇水，雨水过多时注意防水，避免浇“当头水”。

生物防治：用生物杀菌剂“苦参碱1200倍液+极可善600倍液”喷施进行预防，间隔7~10d喷施一次。

化学防治：发病初期用75%百菌清600倍液、50%扑海因1 500倍液或70%甲基托布津1 000倍液喷雾，间隔7~10d连续喷施2次；用细腐净20g+丙森霜脲氰20g+叶枯唑25g对水15kg喷雾，间隔7~10d连续喷施2次；还可用施保功1 500倍液、力康1 000倍液和50%苯菌灵800倍液喷雾防治。

⑤煤污病（图3-12）。

【病原】为多主枝孢（Cladosporium herbarnm）和大孢枝孢（Cladosprium macrocarpum）。

【发病症状】发病时，整个植株叶片表面覆盖一层煤烟灰黑色粉末状物，严重影响叶片的光合作用，造成植株发育不良。

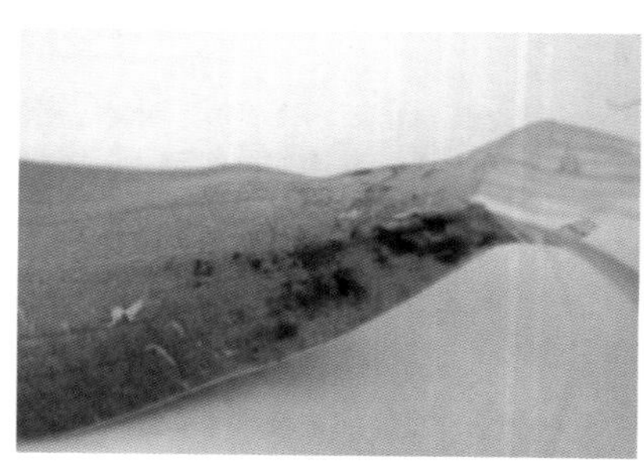

图3-12　龙陵紫皮石斛煤污病

【发病规律】病原以菌丝体、囊壳及分生孢子在植株上或树上过冬，3~5月是该病的发病期，以贴树法、移活树种植的发病多，由蚜虫、蚧壳虫传染此病。

【防治措施】

农业防治：清除病原，防治蚜虫、蚧壳虫和粉虱类害虫。

物理防治：发病时，用湿布擦发病部位，把表皮上附生的一层病菌去掉，使叶片恢复原状；如受害严重则整株拔除。

生物防治：用生物杀菌剂“苦参碱 1 200 倍液 + 极可善 600 倍液”喷施进行预防，间隔 7~10d 喷施一次。

化学防治：用 50% 多菌灵 1 000 倍液或其他杀菌药物进行防治，同时防治蚧壳虫、蚜虫和粉虱类害虫。

⑥根腐、茎腐病（图 3-13）。

【病原】立枯丝核菌（Rhizoctonia solani Kuhm）。

【发病症状】石斛生长前期感染，在石斛茎基部出现湿润状黄褐色，后为黑褐色的病斑，并腐烂有异味，称为茎基腐烂。石斛生长中后期感染，根、茎表皮变褐色，主根粗短或细长、侧根少、茎根维管束变深褐色，发病前期表现植株矮小、黄化、叶片有下而上逐渐变黄、干枯脱落，根、茎变褐、腐烂，终至全株枯死。如果成熟株叶失神，有轻度皱缩萎靡，或叶尖焦枯，或新芽迟迟不发、生长异常缓慢，则有根腐病发生的可能。检查时如果再发现根基、根尖或其他部位出现环形或长环状褐色斑，斑上有明显的充水腐烂迹象，略带有白色或褐色附着物（即病菌），即可确定其患有根腐病。如果用力挤压

图 3-13 龙陵紫皮石斛根腐、茎腐病

褐斑，便会溅出水来。

【发病规律】病菌主要随病株在基质上越冬，病菌主要是靠田间雨水流散，其次借风雨或田间操作传播。病菌接触石斛后，主要从伤口侵入，也可以从表皮直接侵入。本病的发生轻重与气候条件有关，如遇大雨后猛晴或连续降雨，本病往往发生较重；再次，种植密度过大、氮肥过重，叶生肥厚，通风透光性不良，也是造成根腐、茎腐病的主要原因之一。

【防治措施】

农业防治：种植是选用无病、无破损的健康种苗，严格剔除变色、霉烂和破伤的种草；合理密植、加强管理，增施的有机肥要施用沤制腐熟消毒杀菌的有机肥，忌用未腐熟或带菌肥料；雨水过多时，注意防水，避免基质湿度过大，并且做到地面沟无积水；石斛收获时，必须选择晴天收获，剪口不能破损，以减少病菌传染，并及时对伤口进行消毒杀菌，使之快速愈合。

物理防治：及时拔除和销毁感病植株。

生物防治：用生物杀菌剂“苦参碱 1 200 倍液 + 极可善 600 倍液”喷施进行预防，间隔 7~10d 喷施一次。

化学防治：由于多数杀菌剂仅能向上输导，不具双向输导功能，因此，用喷施药剂的方法防治根腐病几乎无济于事，必须采用浇根法方能奏效。用 1 600 万单位农用链霉素 1 200 倍液、50% 甲霜锰锌 600 倍液或 55.5% 敌克松 800 倍液浇根；进入雨季用甲壳素 0.15kg+ 甲霜・恶霉灵 2ml+ 蜡杆菌素 10ml+2 000 万单位农用链霉素 5g 对水 15kg 浇根，间隔 7~10d 连续防治 2 次；还可用 70% 卡霉通 600 倍液和“绿邦 98”1 000 倍液等浇根。

⑦黑腐病（图 3–14）。

【病原】腐霉菌（Pythium uhtimum）。

【发病症状】受害叶片的中段边缘出现细小的湿性褐色斑点，然

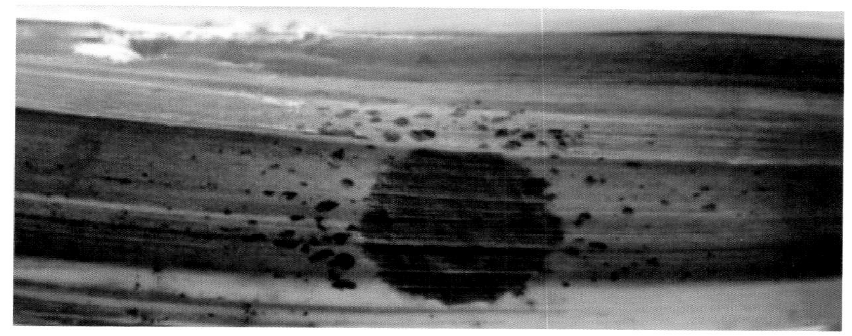

图 3-14　龙陵紫皮石斛黑斑病

后迅速扩大，连接成片，继而病叶枯黄脱落。如果不及时剪除病叶并施药治疗，病菌将扩染叶鞘、鳞茎及根部，乃至使整簇枯烂。该病的另一种症状是自根群开始黑腐，向上延伸至茎、叶鞘和叶柄，使叶片黄化枯落。

【发病规律】病原多由果蝇及接触传染，具有较强的传染力。多从新株中的心叶开始发生为害。

【防治措施】

农业防治：严格杀菌消毒，以消除病原，阻断传播途径。

物理防治：拔除和销毁病株。

生物防治：用生物杀菌剂“苦参碱 1 200 倍液 + 极可善 600 倍液”喷施进行预防，间隔 7~10d 防治一次。

化学防治：预防用代森锰锌 800 倍液喷雾，每隔 7~10d 一次；治疗用用可杀得（美国产）600 倍液、80% 万佳生 800 倍液、医用氯霉素 1 000 倍液、10% 世高 1 500 倍液喷雾。

⑧白绢病。

【病原】小核菌（Sclertium rolfii）。

【发病症状】受该病菌侵染的植株，在基质表面和植株基部出现网状白色菌丝，引起腐烂，直到叶片脱水枯落。

【发病规律】白绢病的菌核在土壤和植株残体上越冬。春末至秋末均可发病，而以高温高湿的雷阵雨天气时更容易发病，特别是在基质呈酸性（pH 值 3~5）的条件下，发病最为严重。该病发病迅速，传染快，毁灭性大，是世界性的兰科病害。

【防治措施】

农业防治：严格灭菌消毒。种植时，用 2% 福尔马林溶液对基质、场地、用具和种苗等进行严格的消毒，以杜绝侵染源；调整基质酸碱度。可选 3% 石灰水浇施基质。

生物防治：用生物杀菌剂“苦参碱 1200 倍液 + 极可善 600 倍液”喷施进行预防，间隔 7~10d 喷施一次。

化学防治：凡是发病的植株，用医用氯霉素针剂 500~1 000 倍液浇之，每日 1 次，连续 2 次，便可控制病情，保全植株；还可用菌虫净、“达克宁”除病灶，或以其温水溶液淋病株。

⑨黑斑病（图 3–14）。

【发病症状】发病时嫩叶上呈黑褐色斑点，斑点周围显黄色，逐渐扩散至叶片，严重时黑斑在叶片上互相连接成片，最后枯萎脱落。

【发病规律】本病害常在春末初夏（3~5 月）发生。

【防治措施】

农业防治：保证棚内通风透气、空气流通、光照充足；施足肥料，增强植株抵抗力。发病时要严格控水，避免浇“当头水”。

物理防治：及时摘除病残枝，并集中烧毁。

生物防治：用生物杀菌剂“苦参碱 1 200 倍液 + 极可善 600 倍液”喷施进行预防，间隔 7~10d 喷施一次。

化学防治：预防用 1∶1∶150 波尔多液或多菌灵 1 000 倍液喷雾；防治用 70% 甲基托布津 1 000 倍液或 65% 代森锰锌 800 倍液喷雾。

⑩叶斑病

【病原】叶斑病的病原有两种：尾孢（Cercospora）和柱盘孢（Cylindrosporum）。

【发病症状】发病初期叶片为水浸状的斑点，病斑缓慢扩张为边缘不明显的黄斑，病斑圆形至椭圆形，直径 8~32mm，叶片上通常会产生多个不规则的淡黄色斑点，病斑老熟后会稍下陷，呈紫黑色，扩展中的边缘则保持黄色。分生孢子梗在老病斑的叶背气孔部分长出，在叶背待别是叶尖部分亦可见灰色分生孢子小堆。随着病斑老熟，会逐渐变成淡紫黑色或黑色，并呈现类似螨类为害的症状。叶片上的分散的病斑相互融合后引起叶片黄化及落叶。发病严重的叶片寿命缩短最后从植株上脱落。叶斑病的病斑与炭疽病的病斑很相似，所不同的是：一是斑色不同。叶斑病病斑边缘为红褐色，内部为灰褐色；而炭疽病病斑边缘为黑褐色，内部为黄褐色。二是斑形不同。叶斑病病斑无环形斑，而炭疽病病斑内有暗色小斑点汇聚成的带环斑纹。

【发病规律】叶斑病菌在病残体或随之到地表层越冬，翌年发病期随风、雨传播侵染寄主。种植年限长、过度密植、通风不良、湿度过大均有利于发病。

【防治措施】

农业防治：加强管理，避免湿度过大；合理密植，加强小环境的空气流通。

物理防治：及时除去病组织，集中烧毁。

生物防治：用生物杀菌剂“苦参碱 1 200 倍液 + 极可善 600 倍液”喷施进行预防，间隔 7~10d 喷施一次。

化学防治：从发病初期开始喷药，防止病害扩展蔓延。常用药剂有 50% 多菌灵可湿性粉剂 1 000 倍液、50% 托布津 1 000 倍液、70% 代森锌 500 倍液、80% 代森锰锌 600 倍液、50% 克菌丹 500 倍液等。以上药剂的交替使用，以免病菌产生抗药性；用苯来特 50% 可湿性粉剂 500 倍液，并添加少许湿润剂，每两周施用 1 次，共 3 次，效果

极好。

（2）细菌性病害：由细菌侵染所致，侵害紫皮石斛的细菌都是杆状菌，大多具有一至数根鞭毛，可通过自然孔口（气孔、皮孔、水孔等）和伤口侵入，借流水、雨水、昆虫等传播，在病残体、种子、土壤中过冬，在高温、高湿条件下发病。细菌性病害症状表现为萎蔫、腐烂、穿孔等，发病后期遇潮湿天气，在病部溢出细菌黏液，是细菌性病害的特征。

①细菌性软腐病（图 3-15）。

【病原】由欧式杆菌属（Eriwinia carotovora）细菌引起。

【发病症状】软腐病是一种石斛维管束组织细菌性病害。典型的症状是由于茎维管束组织受到破坏而使植株萎蔫，而根沿维管束发生腐烂。石斛受害后，一般表现生长迟缓、茎秆矮缩、瘦弱、叶片变小，严重时表现矮缩，茎秆变为黄褐色。受侵染的嫩叶基部出现褐色水渍状小斑点，病斑迅速扩大，密连成片，同时漫及叶鞘和芽的生长点。即将成熟的叶片，也常受侵染。受侵染的叶片，基部腐烂并散发恶臭味，上部呈脱水样褶皱。

【发病规律】发病适宜温度 18~24℃，病菌适宜较低温度。但当

图 3-15　龙陵紫皮石斛细菌性软腐病

温度超过 30℃时，病害发生受到抑制。病原菌在石斛组织内过冬，由雨水、昆虫作短距离传播，通过野外采种和购种作远距离传播。当组织幼嫩时，病菌自气孔、皮孔及伤口入侵，该病以新芽出现时的阴雨季节为发病的高峰期。

【防治措施】

物理防治：做好消毒处理工作，防止病菌传染。

生物防治：用生物杀菌剂“苦参碱 1 200 倍液 + 极可善 600 倍液”喷施进行预防，间隔 7~10d 喷施一次。

化学防治：用 1 600 万单位农用链霉素 1 000 倍液或 2 000 万单位农用链霉素 1 500 倍液喷雾；用多抗霉素 20g+ 蜡杆菌素 10ml+2 000 万单位农用链霉素 5g 对水 15kg 喷雾；还可用 10% 浸枯灵 2 000 倍液喷雾，3 次一个疗程，间隔时间为 7d。

②细菌性褐腐病。

【病原】由杓兰欧文氏菌（Erwinia cypripedii）和唐菖蒲伯克霍尔德杆菌（Burkholderia gladioli pv. Gladioli）引起。

【发病症状】主要为害紫皮石斛的芽和叶，常在新叶部位先发病，其病原菌从根部侵入，叶基部和假鳞茎上最先出现紫色或紫褐色的病斑，渐呈水渍状，病斑亦随之扩大，在发病 3~5d 后，叶片变软呈深褐色，同时假鳞茎的输导组织变黑，不久腐烂脱落，直至整株变黑枯死。

【发病规律】一般通过自然孔口和伤口侵入寄主植物。大多数病原菌在寄主组织上或内部越冬成为翌年侵染寄主的初侵染源。高温多雨期 6~8 月为发病高峰。基质湿度过大、透气性差，施肥过浓或肥量过大，假鳞茎受机械损伤等易引起发病。

【防治措施】

农业防治：保持栽培环境通风透气；避免浇“当头水”。

物理防治：及时摘除病残叶并销毁。

生物防治：用生物杀菌剂“苦参碱1200倍液＋极可善600倍液”喷施进行预防，间隔7~10d喷施一次。

化学防治：清除病残叶后用农用链霉素600倍液或百菌清1 000倍液喷雾防治。

（3）病毒病：主要借助带毒昆虫传染，有些病毒可通过线虫传染。病毒在杂草、块茎、种子和昆虫等活体组织内越冬。病毒病症状主要表现为花叶、黄化、卷叶、簇生、矮化、坏死、斑点等（图3–16）。

【病原】拜拉斯（Vlrus）。

【发病症状】常在叶片的基部、中部或端部（叶尖）的一部分发生，感染病毒后，首先现出乳白色的长短、粗细、状态各异、边界不规则的网状条形斑。斑的边界往往如逐渐扩散的水渍状。斑体的两面呈失绿样透明。早期斑体没有异色点缀；中期斑体背面有微凹现象，并出现少许淡褐色不规则的斑中斑；晚期病斑颜色加深，如日灼焦状，斑体和斑外绿色叶体同时出现皱缩纹，叶缘后卷，并失去光泽，以后逐渐干枯死亡。该病属无法根治的病害，因而被称为兰科的“艾滋病”或“癌症”。该病不仅无法根治，而且还会遗传传染。传染途径主要是通过伤口接触方式。

图3–16　龙陵紫皮石斛病毒病

【发病规律】病毒病与蚜虫均受外界环境影响，如气温高、日照延长，病毒在石斛体内的潜育期短，发病就严重。相反，温度较低，日照缩短，则潜育期延长，病害受到抑制。蚜虫在温暖干燥的环境条件下繁殖快，相应地加速了病毒的传染，因此，石斛如遇温暖干燥的气候条件，病情加剧。

【防治措施】主要是以防治蚜虫为害为主，同时施用防治病毒的药物。

农业防治：引种不带病毒的组培苗；喷施叶面肥，增强植株对病毒的抵抗能力。

物理防治：及时拔除病株烧毁，对修剪工具进行严格消毒。

生物防治：用柑橘皮加水 10 倍左右浸泡一昼夜，过滤后喷洒植株防治蚜虫；用生物杀菌剂“苦参碱 1 200 倍液 + 极可善 600 倍液”喷施进行预防，间隔 7~10d 喷施一次。

化学防治：及时防治蚜虫、飞虱、蚧壳虫、螨类等害虫，用 2.5% 功夫 2 000 倍液或毒乐斯 25g+ 氨基酸寡糖素 15g+ 抗蚜威 8g 对水 15kg 均匀喷洒叶片正反面；防治病毒病的药剂，可用 20% 病毒 A 500 倍液、1.5% 植病灵 1 000 倍液或 4% 标碘 15ml 对水 15kg 喷雾。

3. 虫害

石斛目前并没有发现特有的害虫，但不是没有虫害。为害石斛的害虫主要有蚧壳虫、蚜虫、蜗牛、蛞蝓、地老虎等，主要为害幼尖或叶片表面，吸食汁液，咀食叶片，影响幼茎生长，传播病害。防治方法采用高效、低毒、无残留的生物杀虫剂或非有机磷农药进行防治。

（1）蚜虫

【为害症状】石斛蚜虫成虫和若虫均群集叶片茎条，为害茎叶，吸食汁液，并分泌一些黏性物质并附带灰尘粉粒，影响光合作用，常使叶片、嫩茎、幼苗卷缩、变黄、煤污，花梗扭曲变形影响结实，严重时停止生长，茎叶萎蔫。有蚜虫为害的植株有蚂蚁走动。

【防治措施】

生物防治：用柑橘皮加水 10 倍左右浸泡一昼夜，过滤后喷洒植株；用瓢虫或蚜茧蜂进行防治。

化学防治：用10%吡虫啉1 000~1 200倍液喷雾；还可用辛硫磷、归克、蚜怕、百蚜净等药剂进行防治。

（2）蚧壳虫

【为害症状】石斛蚧壳虫附着在茎干或叶背面，成虫、若虫吸食叶片、茎、根及幼苗汁液，早期不易发现；受害叶片自下而上褪色变成黄、红、紫色，严重时全部叶片变色、软化、下垂枯萎，最后全株枯死；受害根部变为黑褐色，逐渐腐败，致使植株生长势衰弱；幼苗受害后发育不良，甚至枯萎；被害严重的植株，长势衰弱，耐寒力显著下降，遇寒潮低温往往容易死亡。

【防治措施】

物理防治：清除病株，虫口密度小时，可用工用毛巾或毛刷轻轻除去。

化学防治：在蚧壳虫5~6月的若虫孵化期进行防治，因这一时期的蚧壳虫蚧壳蜡质少，抗药力差，施药后杀灭效果好，用50%辛硫磷乳油等加入食用米醋125~250倍液，以增药液之渗透力，引药透过蚧壳而直达虫体，提高杀灭效果。

（3）蜗牛、蛞蝓

【为害症状】在石斛整个生长期都可为害，初孵幼螺只取食叶肉，残留表皮，稍大个体用齿舌将叶、茎舐磨成小孔或将其吃断，或叶片形成不整齐缺刻或残留叶脉。严重时幼株死亡。

【防治措施】

农业防治：清洁园地、铲除杂草，排干积水，破坏蜗牛栖息和产卵场地；秋季翻耕，使部分成螺或幼螺暴露于地面冻死或被天敌啄食，卵被晒裂；在栽培床、槽和栽培棚周围撒石灰、灶灰，防止蜗牛和蛞蝓爬入为害。

生物防治：将鸡剪去翅膀养殖于石斛园中，以啄食害虫；用生物杀虫剂蜗鲨（60%茶叶提取物）200倍液喷施进行防治。

化学防治：用 5% 四聚乙醛 500g 撒于 200m^2 墒面，在周边环境撒施蜗克星、密达等农药进行防治。

物理、化学防治：用小碟子、小碗装稀释药水或啤酒诱杀；用油菜籽枯打碎，稀疏撒于基质表面，此法除杀虫外，还可做肥料；用 50% 辛硫磷乳油 0.5kg 加鲜草（菜叶）50kg 拌湿，于傍晚撒在田间诱杀；每隔 5m 浇湿 1m^2，用 5% 四聚乙醛 10~20g 放在菜叶上置于浇湿的墒面上集中捕杀。

（4）尺蠖

【为害症状】幼虫咀食叶片，幼龄幼虫在嫩叶上咬成“C”形缺口，4 龄后开始暴食，严重时大面积成秃枝，影响生长及产量和质量。

【防治措施】

物理防治：人工捕杀。

化学防治：喷施 50% 辛硫磷 1 500~2 000 倍液，50% 杀螟松，90% 敌百虫或 50% 杀螟腈 1 000 倍液，或拟除虫菊酯类农药 6 000~8 000 倍液进行防治。

（5）金龟子

【为害症状】咬食石斛叶片、为害石斛嫩茎、叶片。

【防治措施】

物理防治：利用灯光或烧火诱杀；利用新鲜牛粪 + 青草 + 食用醋诱杀。

化学防治：在栽培地的周围树木、草地喷洒杀虫剂进行防治。

物理、化学防治：用炒香的 1kg 麦麸 + 适量红糖、醋 +30 倍液敌百虫 0.03kg 制成毒饵，放在菜叶上置于墒面或地上，每隔 10m 放 15g；用“澳宝丽—65% 夜蛾利它素饵剂（1 ：1 对水稀释 +5g 灭多威，100ml/ 瓶分 3 份投放 3 个诱捕箱）诱杀。

（6）蛴螬（金龟子幼虫）

【为害症状】主要为害石斛的根部，多在基质内活动、取食，将

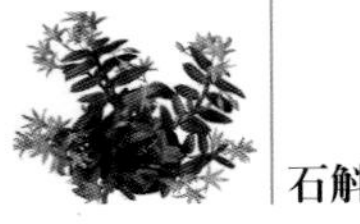

石斛的根部咬断或吃光。

【防治措施】

物理防治：用新鲜牛粪成团放置在被害处周围，待蛴螬钻入其中进行人工捕杀。

化学防治：用3%的辛硫磷颗粒在基质配制或堆捂时拌入进行防治；用2.7%地乐500倍液喷洒周围和苗床底下，为害严重时每亩用30~60ml喷雾墒面、槽内进行防治。

（7）螟虫

【为害症状】以幼虫钻入石斛嫩茎内为害，吸食茎汁，使叶片枯萎，茎条停止生长，严重时整株死亡。

【防治措施】

农业防治：建园时彻底清除虫源。

物理防治：发现受害植株，剪去茎的受害部分；灯光诱杀成虫；人工摘除卵块。

（8）红蜘蛛

【为害症状】若虫常群集于紫皮石斛的叶背上，以刺吸式口器吮吸汁液而为害植株。初期症状为叶片失绿、叶缘向上卷翻，以致枯萎、脱落，萎缩，严重时植株死亡。

【防治措施】

生物防治：用柑橘皮加水10倍左右浸泡一昼夜，过滤后喷洒植株；洗衣粉15g，20%的烧碱15ml，水7.5kg，三者混匀后喷雾；取50g草木灰，加水2 500g充分搅拌，浸泡两昼夜过滤，再加3g洗衣粉调均后喷洒，每日1次，连续3天，隔一周再喷洒3天，对第二代害虫杀灭效果好。

（9）夜蛾类害虫

【为害症状】1~2龄幼虫啃食叶片下表皮和叶肉，仅留上表皮及叶脉、成窗纱状；4龄后蚕食叶片成孔洞和缺刻。幼虫还可钻入紫皮石斛茎干内，将内部吃空，排出粪。

【防治措施】

物理防治：人工捉杀为害的幼虫；灯光诱杀成虫。

化学防治：用溴氰菊酯 30ml 对水 15kg 喷雾。

物理、化学防治：用“澳宝丽—65% 夜蛾利它素饵剂（1 : 1 对水稀释 +5g 灭多威，100ml/ 瓶分 3 份投放 3 个诱捕箱）诱杀成虫。

（10）白蚂蚁

【为害症状】白蚂蚁主要取食纤维物质，主要为害是使富含纤维的基质提前腐烂，同时取食紫皮石斛的根，甚至是茎。

【防治措施】

化学防治：使用除虫菊酯类地下害虫药剂泼浇基质，以基质淋湿为宜。

（11）根结线虫

【为害症状】根结线虫主要为害紫皮石斛的根部并引起病害，表现为侧根和须根较正常增多，并在幼根的须根上形成球形或圆锥形大小不等的白色根瘤，有的呈念珠状。被害株地上部生长矮小、缓慢、叶色异常，产量低，甚至造成植株提早死亡。

【防治措施】

农业措施：选用无病虫苗。

生物防治：用柑橘皮加水 10 倍左右浸泡一昼夜，过滤后喷泼浇基质。

化学防治：用灌根型阿维菌素 100ml 对水 15kg 泼浇基质，以基质淋湿为宜。

（12）地老虎

【为害症状】主要咬食植株近基质表面的柔嫩组织，幼苗期被为害，常出现大量断苗。

【防治措施】

物理防治：在早晨扒开被害植株根部附近的基质，人工捕捉幼虫或老熟幼虫，也可在黄昏时借助照明设施进行捕杀；3~5 月成虫羽化高峰期黄昏时用灯光进行诱杀。

化学防治：用高氯甲维盐 20ml 对水 15kg 喷雾进行防治。

物理、化学防治：用炒香的 1kg 麦麸 + 适量红糖、醋 +30 倍液敌百虫 0.03kg 制成毒饵，放在菜叶上置于墒面或地上，每隔 10m 放 15g 进行毒饵诱杀幼虫；用“澳宝丽—65% 夜蛾利它素饵剂（1 ∶ 1 对水稀释 +5g 灭多威，100ml/ 瓶分 3 份投放 3 个诱捕箱）诱杀成虫。

第四章　石斛的采收与贮藏

第一节　石斛的采收和分级

一、石斛采收时期

不同石斛种类采收时期不同，应是在营养物质积累最充分的时期进行采收。以紫皮石斛为例，采收时期宜在当年 11~12 月的晴天，枝条表皮无水珠时采收。

二、石斛采收技术

（一）全草采收

应包括根、茎、叶、花。

（二）茎条采收

待叶片自然脱落、叶鞘变为银灰色后，采收当年生茎条（俗称为白条），于茎基部以上留 1~2 个带肉质的茎节处 45° 斜切采收（图 4-1、图 4-2）。

图 4-1　采收期石斛茎条

图 4-2　采收后石斛茎条

三、石斛的分级

（一）鲜品质量等级

合格鲜品分优等品、一级品、合格品 3 个等级，以综合控制条件和多糖确定。综合控制条件达不到要求的为不合格鲜品，达到要求者以多糖指标分级。综合控制条件为：生长健壮、无检疫对象病虫害、色泽正常，无机械损伤、感官指标合格、水分≤ 85.0%、多糖≥ 25.0%、安全性指标合格（图 4-3、图 4-4、表 4-1）。

图 4-3　石斛鲜品优等品

图 4-4　石斛鲜条优等品

表 4-1　鲜品质量等级

<table>
<tr><th colspan="2" rowspan="2">项目</th><th colspan="3">鲜品</th></tr>
<tr><th>优等品</th><th>一等品</th><th>合格品</th></tr>
<tr><td rowspan="4">感官指标</td><td>色泽</td><td colspan="3">表面黄绿色带紫斑点或条纹，老熟时叶鞘呈银灰色，有的间有褐色斑，节间裸露部分呈紫色</td></tr>
<tr><td>气味、滋味</td><td colspan="3">略具青草香气，味淡，后微甜，嚼之初有黏滑感，继有浓厚黏滞感</td></tr>
<tr><td>外观、形态</td><td colspan="3">有叶鞘，茎悬垂（幼茎或初生时为直立状），圆柱形，横断面圆形，不分枝，细长，具多节，节间膨出</td></tr>
<tr><td>杂质</td><td colspan="3">无肉眼可见杂质</td></tr>
<tr><td rowspan="2">理化指标</td><td>水分（%）≤</td><td colspan="3">85</td></tr>
<tr><td>多糖（以无水葡萄糖计）（%）≥</td><td>35.0</td><td>30.0</td><td>25.0</td></tr>
<tr><td rowspan="16">安全性指标</td><td>汞（mg/kg）≤</td><td colspan="3">0.01</td></tr>
<tr><td>砷（mg/kg）≤</td><td colspan="3">0.05</td></tr>
<tr><td>铅（mg/kg）≤</td><td colspan="3">0.1</td></tr>
<tr><td>镉（mg/kg）≤</td><td colspan="3">0.1</td></tr>
<tr><td>铜（mg/kg）≤</td><td colspan="3">5.0</td></tr>
<tr><td>黄曲霉毒素 B_1（μg/kg）≤</td><td colspan="3">5</td></tr>
<tr><td>氯氰菊酯（mg/kg）≤</td><td colspan="3">0.5</td></tr>
<tr><td>六六六（mg/kg）≤</td><td colspan="3">0.02</td></tr>
<tr><td>DDT（mg/kg）≤</td><td colspan="3">0.2</td></tr>
<tr><td>五氯硝基苯（PCNB）（mg/kg）≤</td><td colspan="3">0.02</td></tr>
<tr><td>辛硫磷（mg/kg）≤</td><td colspan="3">0.05</td></tr>
<tr><td>溴氰菊酯（mg/kg）≤</td><td colspan="3">5</td></tr>
<tr><td>氰氯氰菊酯（mg/kg）≤</td><td colspan="3">0.5</td></tr>
<tr><td>三唑酮（mg/kg）≤</td><td colspan="3">0.1</td></tr>
<tr><td>多菌灵（mg/kg）≤</td><td colspan="3">0.1</td></tr>
</table>

续表

项目		鲜品		
		优等品	一等品	合格品
安全性指标	百菌清（mg/kg）≤		0.1	
	致病菌（沙氏门菌、志贺氏菌、金黄色葡萄球菌、溶血性链球菌）		0.05 不得检出	
注：①其他安全性指标按国家有关规定执行。根据《中华人民共和国农药管理调理》规定，剧毒和高毒农药不得在初级产品中使用；②多糖以干基计				

注：不同种类石斛检测指标不同，所列的为紫皮石斛（鲜品）判定条件

（二）干品质量等级

合格干品分优等品、一级品、合格品 3 个等级，以综合控制条件和多糖确定。综合控制条件达不到要求的为不合格干品，达到要求者以外观形态、多糖指标分级。综合控制条件为：无检疫对象病虫害，为烧焦，色泽、气味、滋味 3 个感官指标合格，水分≤ 12.0%、总灰分≤ 6.0%、酸不溶性灰分≤ 1.0%、浸出物≥ 18.0%、多糖≥ 25.0%、安全性指标合格（图 4–5、图 4–6、表 4–2）。

图 4–5　石斛枫斗优等品

图 4–6　石斛枫斗优等品

表 4-2　干品质量等级

项目		干品		
		优等品	一等品	合格品
感官指标	色泽	未抛光呈银灰色，抛光后呈金黄色		
	气味、滋味	略具青草香气，味淡，后微甜，嚼之初有黏滑感，继有浓厚黏滞感		
理化指标	外观形态	环绕紧密，颗粒均匀整齐，圆球形，最大直径 0.6~0.8cm	环绕紧密，颗粒整齐，多数为圆球形，最大直径 0.9~1.1cm	环绕稍松，颗粒整齐，多数为椭圆形，少数为圆球形，最大直径 1.2~1.3cm
	杂质	无肉眼可见杂质		
	水分（%）≤	12.0		
	总灰分（%）≤	6.0		
	酸不溶性灰分（%）≤	1.0		
	浸出物（%）≤	18.0		
	多糖（以无水葡萄糖计）(%)≥	35.0	30.0	25.0
安全性指标	汞（mg/kg）≤	0.05		
	砷（mg/kg）≤	0.25		
	铅（mg/kg）≤	0.5		
	镉（mg/kg）≤	0.5		
	铜（mg/kg）≤	20.0		
	黄曲霉毒素 B_1（μg/kg）≤	5		
	氯氰菊酯 (mg/kg) ≤	0.5		
	六六六（mg/kg）≤	0.02		
	DDT，mg/kg ≤	0.2		
	五氯硝基苯（PCNB）(mg/kg) ≤	0.02		

续表

项目		干品		
		优等品	一等品	合格品
安全性指标	辛硫磷（mg/kg）≤		0.05	
	溴氰菊酯（mg/kg）≤		5	
	氟氯氰菊酯（mg/kg）≤		0.5	
	三唑酮（mg/kg）≤		0.1	
	多菌灵（mg/kg）≤		0.1	
	百菌清（mg/kg）≤		0.1	
	大肠菌群(MPN/100g)		300	
	致病菌（沙氏门菌、志贺 0.05 氏菌、金黄色葡萄球菌、溶血性链球菌）		不得检出	

注：①其他安全性指标按国家有关规定执行。根据《中华人民共和国农药管理调理》规定，剧毒和高毒农药不得在初级产品中使用；
②多糖以干基计

注：不同种类石斛检测指标不同，所列的为紫皮石斛（干品）判定条件

第二节　石斛的采后生理

一、植物的采收生理

植物从生长到发育，经过成熟到衰老，是一个完整的生命周期。采收后的植株仍属于生命周期的一部分，在处理、运输和贮藏过程中，仍在继续进行生长时期中的各项生理活动。这些过程既与采前的变化相关联，又与生长时的变化有着本质的差别。采收后的植株来自根的营养物质被切断，光合作用停止，生物化学变化从以合成为主变

为以水解为主。贮运技术则是以调控其采后生理为基础的应用技术。生物体进行的新陈代谢活动主要有物质代谢、能量代谢、信息代谢所涉及的各式各样的化学反应。

（一）呼吸作用

植物采收后，呼吸作用成为有机体新陈代谢的主要过程。呼吸是植物体活细胞内的呼吸底物在一系列酶系统的参与下，经过许多中间环节，逐步从复杂形态分解成简单形态，同时释放出蕴藏在其中的能量的过程。呼吸底物在氧化分解中形成各种中间产物，其中，有些是再合成新物质的原料。维持细胞结构和功能的完整性以及新物质的合成，都是需能反应，这些能量是由呼吸作用释放而暂时贮备在ATP等高能化合物中的，可随时提供。可见，呼吸同各种生理生化过程都有着密切联系，并制约着这些过程，这就显然会影响到植物采收后全部质和量的变化，影响到耐贮性的变化和整个贮藏寿命。呼吸作用的产物因呼吸类型不同而有差异。根据呼吸过程中有无氧气的参加，可将呼吸作用分为有氧呼吸和无氧呼吸两大类型。

1.有氧呼吸和无氧呼吸

有氧呼吸是指活细胞在氧气的参与下，把呼吸底物彻底氧化分解，放出二氧化碳和水同时释放出能量的过程。无氧呼吸一般指在无氧条件下，细胞把呼吸底物分解为不彻底的氧化物，同时释放能量的过程。这一过程在高等植物中称为无氧呼吸，在微生物中称为发酵。乙醇是高等植物无氧呼吸的一种产物，除了乙酸外，也可以产生乳酸。以已糖为呼吸底物时，两种呼吸总的化学反应式为：

有氧呼吸 $C_6H_{12}O_6+6O_2 \rightarrow 6CO_2+6H_2O+2870.2kJ$

无氧呼吸 $C_6H_{12}O_6 \rightarrow 2C_2H_5OH+2CO_2+100.4kJ$

在正常情况下，有氧呼吸是植物细胞进行的主要代谢类型。有氧呼吸有氧气的参与，呼吸底物氧化得彻底，释放的能量较多。从有氧呼吸到无氧呼吸主要取决于环境中氧的浓度，一般在1%～5%。高于这个浓度进行有氧呼吸，低于这个浓度进行无氧呼吸。若进行无氧呼吸则呼吸底物氧化得不彻底，产生的乙醛、乙醇物质积累过多会毒害植物细胞，所释放的能量较低，为了获得同样多的能量，要消耗远比有氧呼吸更多的呼吸底物。从这些方面来看，无氧呼吸是不利的甚至是有害的。但无氧呼吸是植物在逆境中所形成的一种适应能力，使植物在缺氧条件下不会窒息而死。在这种情况下为了获得生命活动所必需的能量，就需要进行无氧呼吸，也就是要消耗更多的贮藏养分，因而加速果蔬的衰老过程，缩短贮藏时期。无论何种原因引起的无氧呼吸的加强，都被认为是对植株正常代谢的干扰、破坏，对贮藏都是不利的。

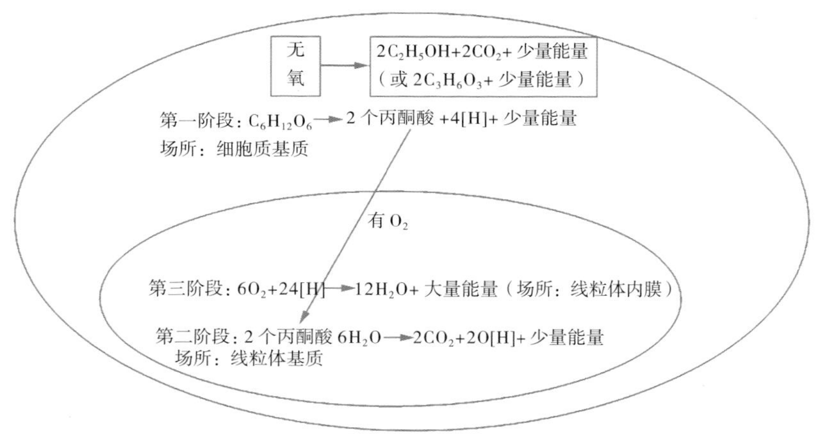

图 4-7　植物呼吸代谢图

2. 呼吸强度和呼吸商

呼吸强度是衡量呼吸作用的数量水平，指在单位时间内、单位面积或单位重量的植物体，吸收氧或放出二氧化碳的量或损失的干重。通常以 1kg 重的植物体在 1h 内吸收氧或释放二氧化碳的毫克（毫升）数来表示，即 CO_2 或 O_2mg/（kg・h）或 ml/（kg・h）。呼吸强度只能反映呼吸作用的量，而不能反映呼吸作用的性质。

呼吸商（呼吸系数）是指一定重量的植物体，在一定时间内所释放的二氧化碳同所吸收氧气的容积比，即：$RQ=CO_2/O_2$。

呼吸商在一定程度上可以用来估计呼吸的性质——底物的种类、呼吸反应的彻底性，以及需氧和缺氧过程的程度及其比例。各种呼吸底物有着不同的 RQ 值，以糖为呼吸底物时，RQ=1.0；以有机酸（苹果酸）为底物时，RQ 值 =1.3>1.0；以脂肪为呼吸底物时，RQ=0.69<1.0。在正常情况下，以糖为呼吸底物，当 RQ>1 时，可以判断出现了缺氧呼吸，这是因为无氧呼吸只释放 CO_2 而不吸收 O_2，因此整个呼吸过程的 RQ 值就要增大。

3. 呼吸消耗、呼吸热和田间热

呼吸消耗：呼吸要消耗呼吸底物，大部分植物体的呼吸底物主要是糖。呼吸底物的消耗是植物体在贮运过程中发生失重（自然损耗）和变味的重要原因之一。从呼吸强度可以计算出呼吸底物的消耗量。例如有人测定 5℃时甘蓝的呼吸强度为（CO2）24.8mg/kg・h。假定全部以糖为底物进行有氧呼吸，则 1kg 甘蓝每天呼吸消耗的糖为 405.8mg；100 天消耗的糖总计约 40g，即占甘蓝体重的 4%。所以，果蔬贮藏时，应尽可能降低其呼吸强度，以减少呼吸底物的消耗。

呼吸热：是指植物体呼吸过程中所释放的热量。呼吸消耗呼吸底物，同时释放热能，有氧呼吸每消耗 1 分子葡萄糖，释放的能总共达 2 870.2kJ；每产生 1mgCO_2 同时释放 10.69J（10.69J/mgCO_2）的能。这些能量只有一小部分用于维持生命活动及合成新物质，大部分都以热能的形态释放至体外，称呼吸热，使果蔬体温和环境温度升高。所以贮藏时，必须随时排出果蔬释放的呼吸热，才能保持贮藏库内恒定的温度。

田间热：是指果蔬从田间带到贮藏库的潜热，是随着果蔬体温的

下降而散发出来的热量。

田间热 = 果蔬重量（kg）× 果蔬比热（kJ）× 果蔬温差（℃）

果蔬比热（kJ）=4.18（0.2+0.8 × 含水量%）

田间热虽不是果蔬呼吸释放的热量，但在果蔬贮藏初期，也会使贮藏场所的温度升高，影响贮藏效果。贮藏的果蔬在凉爽的早晨采收，贮藏前进行预贮，都是减少田间热导致贮藏场所温度升高的重要措施。

4. 呼吸跃变现象

有些种类的植株在生长发育过程中呼吸强度不断下降，达到一个最低点，在其成熟过程中，呼吸强度又急速上升直至最高点，随果实衰老再次下降。一般将果实呼吸的这种变化成为“呼吸跃变”（图 4–8），具有呼吸跃变特性的果实称为跃变型果实。属于这种类型的果实有苹果、梨、香蕉、番茄、芒果、网纹甜瓜等。有些果实采收后，呼吸强度持续缓慢下降，不表现有暂时上升现象，称为非跃变型果实。属于非跃变型的果实种类有柑橘、葡萄、菠萝等。

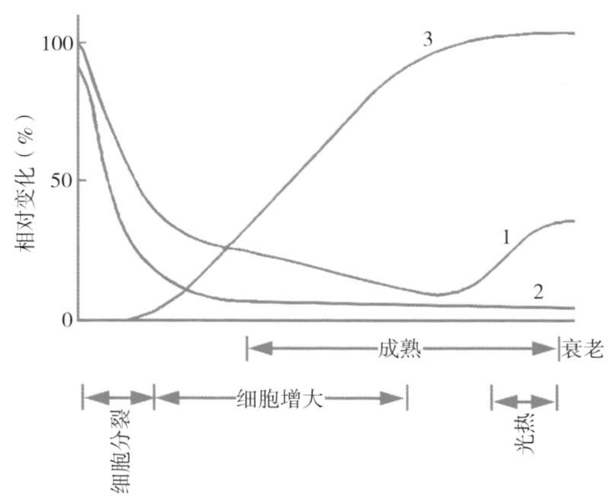

图 4–8　果实生长曲线和呼吸曲线

注：1. 高峰型果实呼吸曲线；2. 非高峰型果实呼吸曲线；3. 果实生长曲线

跃变型果实的跃变高峰始点，与果实体积达到最大值几乎同步。完熟期间所持有的一切其他变化，也是发生在跃变期内的。非跃变型果实不显示跃变高峰，在完熟期间所有的变化比跃变果实缓慢得多。呼吸跃变是果实生命中的一个临界期，它标志果实从成熟到衰老的转折。对跃变型果实而言，跃变上升期正是它的贮藏期，必须设法推迟呼吸高峰的到来，才能延长贮藏期。

5. 呼吸失调

在正常呼吸代谢过程中，各个反应环节和能量转移系统之间是前后协调平衡的。当细胞进入衰老阶段或遭受到破坏，细胞结构和酶促作用的平衡受到破坏，物质转化和能量转移受挫或中断，正常生理代谢发生紊乱，称为呼吸失调。

呼吸失调的产生是由于催化某一环节酶的活性被促进或抑制，从而与前后反应失去协调，使得整个反应链发生紊乱，致使某种氧化不完全的中间产物积累，细胞受害。如冷害引起原生质凝固，使原来与膜结合的酶活性降低，而非膜上酶的活性相对活跃起来，这种不平衡代谢，造成 ATP 短缺和丙酮酸、乙醛、乙醇等有害物质积累，使细胞受害。又如，贮藏环境中的高浓度二氧化碳，能抑制线粒体内琥珀酸过氧化物酶系统，引起琥珀酸、乙醛和乙醇的积累，使细胞中毒。因此，呼吸失调必然引起生理障碍，它是生理病害发生的根本原因。

6. 呼吸保卫反应

呼吸保卫反应是指植物在逆境（冷害、干旱、病菌侵染、机械损伤等）条件下，呼吸迅速加强，抑制微生物所分泌的酶活性，防止积累有害的中间产物加强合成新细胞的成分，加速伤口愈合的现象。果蔬采收后，呼吸作用在整个生命代谢中居主导地位，当其遭受微生物侵染和机械损伤时，能产生保卫反应。主要表现为：当植物体受机械损伤时，在伤口周围迅速产生并积累大量的酚类衍生物，在多酚氧化酶的作用下，酚类物质不断被氧化成醌类物质，醌类物质再形成褐色的聚合物，积累在伤口周围，保护伤口不受微生物的感染；同时促进愈伤组织的形成。

7. 影响呼吸强度的因素

影响呼吸强度的因素主要是植物体本身的生物学特性和生理状态，其次为外界环境条件。当确定了贮藏对象时，环境因素则成为影响其呼吸强度的主要因素。

（1）内在因素

种类和品种：不同种类的植株呼吸强度相差很大。在果实中较耐贮藏的仁果类、葡萄等，呼吸强度较低；不耐贮藏的核果类，呼吸强度较大，草莓最不耐贮藏，呼吸强度最大。蔬菜中耐藏性依次为根菜类、茎菜类 > 果菜类 > 叶菜类。其呼吸强度依次为根菜类、茎菜类 < 果菜类 < 叶菜类。在品种之间，呼吸强度也有差别，一般晚熟品种呼吸强度小于早熟品种。果蔬部位不同，气体交换程度不同，呼吸作用有很大差异。从橘子不同部位的呼吸作用可以明显看到这种差异。

发育年龄和成熟度：发育年龄和成熟度不同，呼吸强度也有很大差别。幼龄时期呼吸强度最大；随着年龄的增长，呼吸强度逐渐下降。幼嫩果蔬呼吸强是因为正处在生长最旺盛的阶段，代谢过程最活跃；还因为这时期表层保护组织尚未发育，或者结构还不完全，组织内细胞间隙也较大，便于气体交换。成熟的果蔬，新陈代谢降低，表皮组织和蜡质、角质保护层加厚并变得完整；一些果实在成熟时细胞壁中胶层溶解，组织充水，细胞间隙被堵塞而体积减小，这些都会阻碍气体交换，使得呼吸强度下降。

（2）环境条件

温度：温度是影响呼吸作用最重要的环境因素。最适的贮藏温度因品种而异。当温度高于贮藏适温时，呼吸作用成倍增加，当温度超出其正常生活范围时，呼吸强度表现初期上升之后再大幅度下降直到零。这主要是因为催化呼吸反应的酶系统受高温破坏，失去活力，使呼吸不能正常进行；同时外部的氧气向组织内部渗透速度赶不上呼吸消耗的速度，增加了内层组织的缺氧程度，内层组织的二氧化碳来不及向外渗透，在细胞内积累到为害代谢的程度，加重了缺氧呼吸。对跃变型品种，高温还会促使呼吸高峰提早出现。当贮藏温度低于适宜温度时，轻者出现冷害，重者出现冻害。原产温带地区的果蔬大多数适宜0℃左右低温贮藏保鲜，其低温界限应在其冰点以上，以不冻结为准，温度愈低，保鲜效果愈好。如苹果、梨、葡萄、大白菜、甘蓝、芹菜等。原产热带、亚热带的果蔬不适宜于0℃左右低温贮藏，要求在10℃左右较低温度下贮藏。这类果蔬会因不适低温造成“冷害”。如柑橘、香蕉、青椒、菜豆等。

贮藏温度的稳定同样是十分重要的，贮藏温度上下波动1~1.5℃，对细胞原生质有强烈的刺激作用，使呼吸相应加强。如洋葱贮藏在5℃时，呼吸强度为9.9mg/（kg·h），若每隔一天浮动2~8℃，呼吸强度增加为11.4mg/（kg·h），温度的浮动，会促进呼吸，增加呼吸底物消耗，成熟衰老加快，不利于贮藏。所以果蔬贮藏时，应力求贮藏库的温度适宜稳定，避免经常波动或较大波动。

空气成分：空气成分也是影响呼吸作用的重要环境因素。降低空气中氧浓度，呼吸就会受到抑制并推迟一些果蔬跃变高峰的出现。但氧浓度过低，又促进缺氧呼吸。这种氧的临界浓度，不同种类果蔬有所不同。据试验，在20℃时菠菜、菜豆、苹果、香蕉的氧临界浓度为1%；豌豆、胡萝卜为4%，低于临界浓度就会出现缺氧呼吸。

提高空气中二氧化碳浓度，呼吸也受到抑制。多数果蔬适宜的二氧化碳浓度为1%~5%。二氧化碳浓度达10%时，一些果实的琥珀酸脱氢酶和烯醇式磷酸丙酮酸羧化酶的活性受到抑制，引起代谢失调，严重时出现二氧化碳中毒。不过氧和二氧化碳之间有拮抗作用，二氧化碳毒害可因提高氧浓度而有所减轻；另一方面，较高浓度的氧伴随有较高浓度的二氧化碳，对植物的呼吸仍能起到明显的抑制作

用。因此，氧和二氧化碳对呼吸作用的影响以及两种气体之间的拮抗作用为气调贮藏提供了理论依据。

空气湿度：贮藏环境对湿度的要求，以轻度干燥为宜。湿度过低，果蔬失水，易发生萎蔫，其结果是酶的活性增强，水解作用加快，呼吸强度增加，呼吸底物消耗增多。但贮藏环境的湿度过高，为病菌侵染提供温床，造成果蔬的腐烂，不利于贮藏。从理论上讲，相对湿度对呼吸作用的影响是间接的，主要影响蒸腾作用而影响到呼吸作用。

机械损伤与病虫害：任何机械损伤，即使是轻微的挤伤或压伤，也会引起呼吸加强。刺伤、压伤、摔伤、碰伤等创伤影响呼吸的机制可能是损伤破坏了完好的细胞结构，加速了气体交换，提高了组织内氧的含量，同时增加了组织中酶与作用底物接触的机会。据观察，伏令夏橙从 61cm 和 122cm 的高度落向硬地面后，在 15.5℃下的呼吸强度分别是对照的 135%~155% 和 180%~198%。同时，组织对创伤的保卫反应，加强了愈伤组织的合成过程。

病虫害与机械伤影响相似。植物体受到病虫侵害时，呼吸作用明显加强。此外机械损伤给微生物侵染创造了条件。

鉴于机械损伤与病虫害的为害，在果蔬采收、运输、贮藏各环节中，要尽量避免机械损伤和病虫害的侵染。

植物激素：植物激素有两大类，一类是生长激素，如生长素、赤霉素、细胞分裂素等有抑制呼吸、防止衰老的作用；另一类是成熟激素，如乙烯、脱落酸，有促进呼吸，加速成熟的作用。在贮藏中控制乙烯生成，排除降低乙烯含量，是减缓成熟、降低呼吸强度的有效方法。

综上所述，影响呼吸强度的因素是多方面的、复杂的。这些因素之间不是孤立的，而是相互联系、相互制约的。由于果蔬贮藏中，外界环境多种因素同时共同作用于果蔬，影响果蔬的呼吸强度，所以，在贮藏中不能片面强调哪个条件，而要综合考虑各种条件的影响，抓住关键，采取正确而灵活的保鲜措施，才能达到理想的贮藏效果。

（二）蒸腾作用

蒸腾作用是水分从活的植物体表面（主要是叶子）以水蒸气状态散失到大气中的过程。陆生植物吸收的水分，只有约1%用来作为植物体的构成部分，绝大部分都是通过地上部分散失到大气中去了。与物理学的蒸发过程不同，蒸腾作用不仅受外界环境条件的影响，而且还受植物本身的调节和控制，因此它是一种复杂的生理过程。其主要过程为：土壤中的水分→根毛→根内导管→茎内导管→叶内导管→气孔→大气。植物幼小时，暴露在空气中的全部表面都能蒸腾。

1. 蒸腾作用对贮藏的影响

在贮藏过程中植物体由不断地蒸发脱水所引起的最明显的表现是失重和失鲜。失重即所谓的“自然损耗”，是在贮藏中数量方面的损失。据试验，苹果普通贮藏自然损耗在5%~8%。失鲜是质量方面的损失，表现为形态、结构、色彩、光泽、质地、风味等多方面的劣变，综合地影响到果蔬食用品质和商品品质的降低。果蔬萎蔫在造成失重失鲜的同时，还会引起正常的代谢作用被破坏，这将影响到果蔬的耐贮性，病菌趁机而入，进一步增加腐烂率。

随着蒸腾作用的进行，贮藏空间内的水蒸气逐渐增多达到饱和从而凝结成水珠，出现结露现象。如在贮藏窖、库中堆大堆，或者采用200~300kg装的大箱贮藏，有时可以看到堆或箱的表层产品湿润或有凝结水珠；采用塑料薄膜帐、袋封闭气调贮藏果蔬时，有时会看到薄膜内壁面有凝结水珠。结露后，附着或滴落到果蔬表面的液态水，有利于微生物孢子的传播、萌发和侵入，特别是受机械伤的果蔬更易引起腐烂。所以，结露必然导致腐烂损失的增大。

2. 影响蒸发程度的因素

蒸发的程度与果蔬的种类、品种、组织结构及理化特性等内在因素有关，同时与贮藏环境的温度、湿度及空气流速有关。

（1）内在因素

表面积比：表面积比是指单位重量或体积的物体所占表面积的比率（cm^2/g）。所以蔬菜中的叶菜类表面积比最大，其最易蒸发脱水；果蔬类，个头小的表面积比大，蒸发脱水快。

表面保护结构：植物器官水分蒸发通过两个途径，即表皮层和自然孔（皮孔气孔）。幼嫩器官，表皮层不发达，主要是纤维素，易蒸发脱水，如多数以幼嫩器官为产品的蔬菜。随着器官的成熟，角质层开始发育、加厚，有些表面还有蜡层、蜡粉或油，这种结构特征都有利于保持水分，减少蒸发，减轻萎蔫。苹果、梨、南瓜等表皮有较厚的保护层，不易萎蔫，金冠表面保护层薄，易萎蔫。马铃薯采后经愈伤，在伤面形成完好的周皮组织和木栓层，洋葱经晾晒使外层鳞片膜质化，都利于防止水分损失。

细胞持水力：细胞中亲水胶体和可溶性固形物的含量同细胞的保水力有关。果蔬中原生质亲水性胶体多，可溶性固形物含量高，细胞具有较高的渗透压，有利于保持水分。

（2）环境因素

空气湿度：空气湿度是影响果蔬蒸发最主要的因素。

与空气湿度相关的几个概念如下：绝对湿度——空气中实际含水量；饱和湿度——空气湿度达饱和时的含水量；相对湿度——绝对湿度占饱和湿度的百分率。生产实践中常以测定相对湿度来了解空气的干湿程度：相对湿度（%）= 绝对湿度 / 饱和湿度 ×100。

相对湿度越小，果蔬中的水分越易蒸发，果蔬越易萎蔫。

温度：由于空气的饱和湿度是随温度变化而变化的。温度升高，饱和湿度增大，在绝对湿度不变的情况下，空气的相对湿度变小，则果蔬中的水分易蒸发。所以，贮藏环境的低温有利于抑制果蔬水分的蒸发。

温度固定，相对湿度则随着绝对湿度的改变而成正相关变动，贮藏环境加湿，就是通过增加绝对湿度达到提高环境的相对湿度的目的。

空气流动：空气流动会改变空气的相对湿度，空气流动越快，果蔬蒸腾越强。

3. 影响结露的因素

结露是空气相对湿度大于 100% 的表象。在空气绝对湿度不变的情况下，相对湿度会随着环境温度的改变而发生变化。当环境温度降低到其所对应的饱和湿度与空气绝对湿度相等时，相对湿度即达到 100%，此时的温度就是露点温度；温度继续下降，就会出现结露现象。

贮运中的果蔬产品之所以会产生结露现象，是环境中温湿度的变化引起的。大堆或大箱中贮藏的果蔬会因产品呼吸放热，堆、箱内不易通风散热，使其内部温度高于表面温度，形成温度差，这种温暖湿润的空气向表面移动时，就会在堆、箱表面遇到低温达到露点而结露；采用薄膜封闭贮藏时，会因封闭前果蔬产品预冷不透，内部产品的田间热和呼吸热使薄膜内的温度高于外部，这种冷热温差便会造成薄膜内结露；果蔬保鲜要求贮藏环境具有较高的相对湿度，在这种环境条件下，库内温度的少量波动就会导致达到露点而在冷却产品的表面结露。可见，温差是引起果蔬结露的根本原因。温差愈大，凝结水珠也相对越大、越多。

（三）酶促反应

酶是由生物体活细胞产生，在细胞内、外均有生物催化活性并且有高度专一性的高分子物质。生物细胞之所以能在常温常压下以极高的速度和很强的专一性进行化学反应是由于酶的存在。在酶的催化反应体系中，反应物分子被称为底物，底物通过酶的催化转化为另一种分子。几乎所有的细胞活动进程都需要酶的参与，以提高效率。与其他非生物催化剂相似，酶通过降低化学反应的活化能来加快反应速率，大多数的酶可以将其催化的反应速率提高上百万倍；事实上，酶是提供了另一条活化能需求较低的途径，使更多反应粒子能拥有不少于活化能的动能，从而加快反应速率。绝大多的酶是蛋白质，但也有少数的 RNA 和 DNA 分子。此外，通过人工合成所谓人工酶也具有与酶类似的催化活性。

酶作为催化剂，在反应前后质和量都不发生改变，也不影响反应的化学平衡；与一般催化剂相同，只催化热力学允许的化学反应；作用机理都是降低反应的活化能；与其他非生物催化剂不同的是，酶具有高度的专一性，只催化特定的反应或产生特定的构型。

酶促反应又称酶催化或酵素催化作用，指的是由酶作为催化剂进行催化的化学反应。生物体内的化学反应绝大多数属于酶促反应。

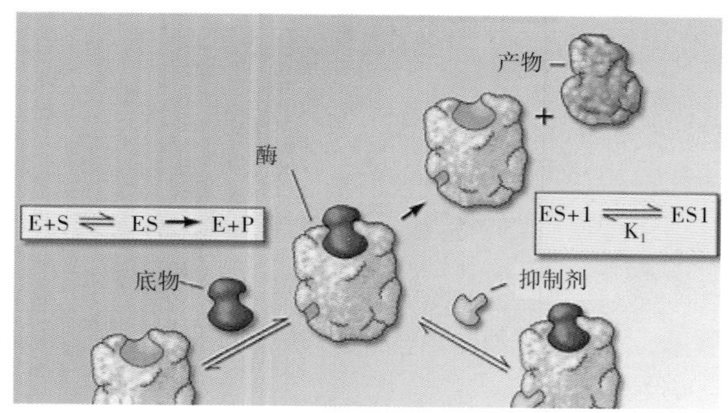

图 4-9　酶促反应机理图

1. 酶促反应特点

（1）酶促反应具有极高的效率：酶促反应效率特别高，约比一般的化学催化剂的效率高 $10^7 \sim 10^{18}$ 倍。

（2）酶促反应具有高度的特异性：酶的特异性是指酶对底物的选择性，有以下 3 种类型：绝对特异性，酶只作用于特定结构的底物，生成一种特定结构的产物，如淀粉酶只作用于淀粉；相对特异性，酶可作用于一类化合物或一种化学键，例如磷酸酶可作用于所有含磷酸酯键的化合物；立体异构特异性，酶仅作用于立体异构体中的一种，例如 L- 乳酸脱氢酶只作用于 L- 乳酸，而对 D- 乳酸不起催化作用。

（3）酶活性的可调节性：酶促反应中酶的激活剂能使酶的活性大大增加，抑制剂能降低或消除酶的活性。各种防腐剂就是抑制大多数酶的活性，达到长久保持的目的。有毒物质可以破坏酶的结构，使之失去活性。有些物质能增加一些酶的活性，工业上叫激活剂，医学上叫激素，一种酶的激活剂，往往是另一种酶的抑制剂。如青霉素抑制了细菌中的一种酶，使它不能合成细胞壁，人体细胞没有细胞壁，应该不受大的影响，可是青霉素使用时出现的副作用已经受到了人们的重视。

（4）酶活性的不稳定性：由于酶是具有一定的空间结构的高分子物质，而高温、过酸、过碱等都会破坏酶的空间结构，使其失去活性，因此，酶活性具有一定的不稳定性。

2. 酶促反应的影响因素

（1）温度：化学反应的速度随温度的增高而加快，但因绝大多数酶是蛋白质，其会随温度的升高而变性。在温度较低时，反应速度随温度升高而加快。但温度超过一定范围后，酶受热变性的因素占优势，反应速度反而随温度上升而减慢。人体内酶的最适温度接近体温，一般为 37~40℃，若将酶加热到 60℃即开始变性，超过 80℃，酶的变性不可逆。

不同的温度对活性的影响不同，但都有一个最适温度。在最适温度的两侧，反应速度都比较低。如图 4-10 所示，温度对酶促反应的影响包括两方面：一方面是当温度升高时，反应速度也加快，这与一般化学反应相同。另一方面，随温度升高而使酶逐步变性，即通过减少有活性的酶而降低酶的反应速度。在低于最适温度时，前一种效应为主，在高于最适温度时，则后一种效应为主，因而酶活性丧失，反应速度下降。

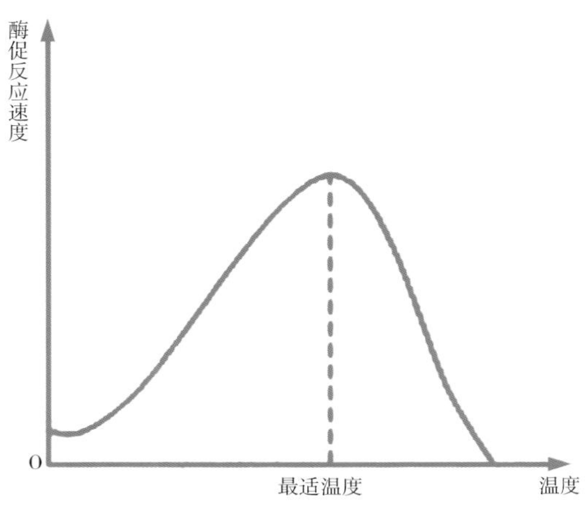

图 4-10　不同的温度对酶活性的影响

（2）pH 值：酶反应介质的 pH 值可影响酶分子，特别是活性中心上必需基团的解离程度和催化基团中质子供体或质子受体所需的离子化状态，也可影响底物和辅酶的解离程度，从而影响酶与底物的结合。只有在特定的 pH 值条件下，酶、底物和辅酶的解离情况，最适宜于它们互相结合，并发生催化作用，使酶促反应速度达最大值。

大部分酶的活力受其环境 pH 值的影响，在一定 pH 值下，酶促反应具有最大速度，高于或低于此值，反应就会下降，通常称此 pH 值为酶的最适 pH 值。不同酶的最适 pH 值不同。pH 值影响酶活性的主要原因：过酸、过碱影响了酶分子的结构，甚至使酶变性失活。

（3）抑制剂：通过改变酶必需基团的化学性质从而引起酶活力降低或丧失的作用称为抑制作用，具有抑制作用的物质称为抑制剂，抑制剂通常是小分子化合物，但在生物体内也存在生物大分子类型的抑制剂。

酶的抑制剂分为不可逆抑制剂和可逆抑制剂两大类。不可逆抑制剂与酶的必需基团以共价键结合，引起酶的永久性失活，其抑制作用不能够用透析、超滤等温和物理手段解除。可逆抑制剂与酶蛋白以非共价键结合，引起酶活性暂时性丧失，其抑制作用可以通过透析、超滤等手段解除。可逆抑制剂又分为竞争性抑制剂、非竞争性抑制剂和反竞争性抑制剂等。

（四）糖代谢

糖类指多羟基的醛或酮，以及它们的缩聚物和某些衍生物的总称。生物体内的糖类化合物根据其能否水解和水解物的不同可分为单糖、低聚糖、多糖和复合糖 4 类。糖类代谢是指糖类化合物在生物体内的分解代谢与合成代谢。

糖在植物的代谢、生长、发育上是一个重要的、多重的角色。糖是光合作用的产物，又是呼吸作用的底物，它为植物的生长发育提供碳骨架和能量，并能增强植物抗逆性。糖的代谢是整个生物代谢的中心，它沟通了蛋白质代谢、脂类代谢、核酸代谢及次生物质代谢。糖类的合成与分解影响细胞及溶液的渗透势，渗透压的变化是氧分运输的动力之一，它会影响糖分的运输；渗透势变化会影响水势及水分的流动，从而影响气孔开闭、花药裂开等活动；渗透压的变化影响植物抗协迫环境的能力。

糖类物质的中间代谢，不仅为生物体的生命活动提供了充足的能量，而且糖代谢的许多中间产物还为氨基酸、核苷酸、脂肪酸、类固醇等物质的合成提供了碳骨架；糖类在植物细胞中是形成细胞壁等支撑组织的结构成分；有些糖和蛋白质结合形成糖蛋白、糖脂，具有细胞识别和免疫活性等机能。

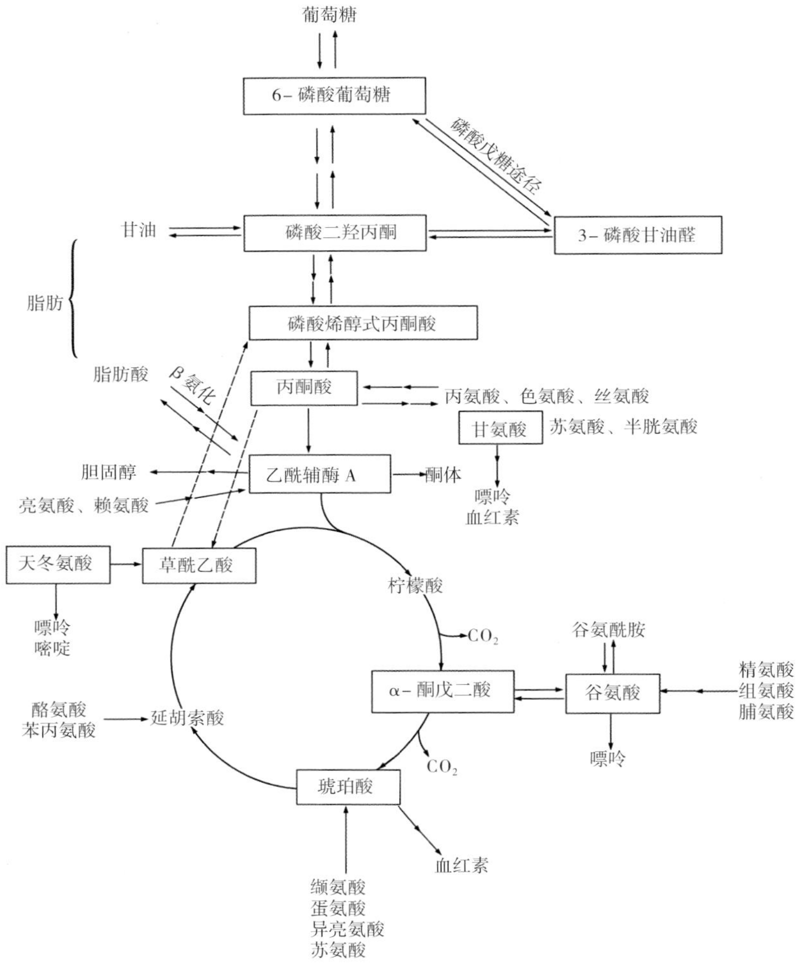

葡萄糖
6－磷酸葡萄糖
磷酸戊糖途径
甘油
磷酸二羟丙酮
3－磷酸甘油醛
脂肪
磷酸烯醇式丙酮酸
脂肪酸
β氧化
丙酮酸
丙氨酸、色氨酸、丝氨酸
甘氨酸
苏氨酸、半胱氨酸
胆固醇
乙酰辅酶A
酮体
亮氨酸、赖氨酸
嘌呤
血红素
天冬氨酸
草酰乙酸
柠檬酸
嘌呤
嘧啶
CO_2
谷氨酰胺
α－酮戊二酸
谷氨酸
精氨酸
组氨酸
脯氨酸
酪氨酸
苯丙氨酸
延胡索酸
CO_2
嘌呤
琥珀酸
血红素
缬氨酸
蛋氨酸
异亮氨酸
苏氨酸

图 4-11　植物体内糖代谢机理图

1. 分解代谢

低聚糖、多糖经过酶促降解，转化成小分子单糖，进而氧化分解成二氧化碳和水，并释放出能量的过程。

2. 合成代谢

主要是指绿色植物和光合微生物利用太阳能、二氧化碳和水合成葡萄糖并释放出氧气，再由葡萄糖进一步合成淀粉、纤维素等多糖的过程。

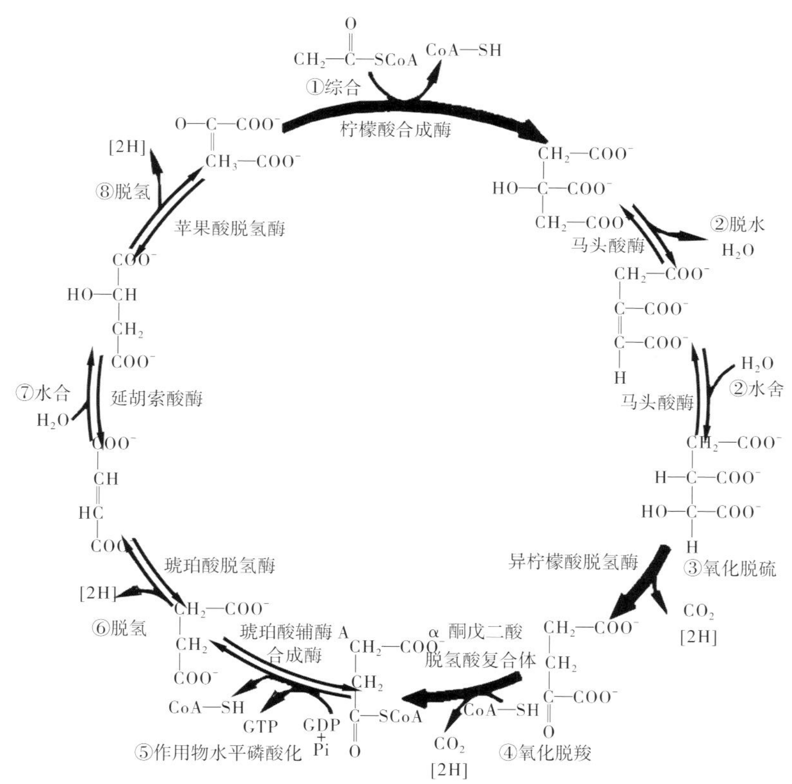

图 4-12　植物合成代谢机理图

二、石斛采后贮藏

（一）影响食品贮藏寿命的主要因素

农产品采收后，病原微生物如腐败细菌、酵母、霉菌等会通过各

种途径对其进行侵染，这不仅会大大降低农产品自身的品质，而且还会导致人类食源性疾病的暴发，并且在加工和贮运期间由于机械损伤、水分散失、呼吸作用、后熟过程等会使产品的感官品质、营养价值、风味质地等要素均有所下降，进而使食品产业遭受巨大损失。导致这一现象发生的原因是多方面的，既有食品自身的内部因素，也有来自外部环境的影响，现归纳以下几个主要方面。

1. 微生物引起的变质

微生物广泛分布于自然界，食品在生产、加工、运输、贮存、销售过程中，不可避免的会受到一定类型和数量的微生物的污染，造成食品的腐败与变质。而且，由微生物污染所引起的食品腐败变质是最为重要和普遍的。如酵母、霉菌等在食品中生长繁殖引起的食品腐烂变质（图 4–13）。

图 4–13　橙子霉变

2. 酶引起的变质

酶是生物体内的一种特殊蛋白，具有高度的催化活性。在酶的作用下，食物的营养素被分解成多种低级产物进而引发变质。如氧化酶能够催化酚类物质氧化，引起褐色聚合物的形成；脂肪氧化酶能够催化脂肪氧化，导致食物产生异味；果胶酶能够促使果蔬植物中的果胶物质分解，使组织软化（图 4–14）。

3. 氧化反应引起的变质

以脂肪的氧化为例，可分为两种方式。一种是脂肪的自动氧化过

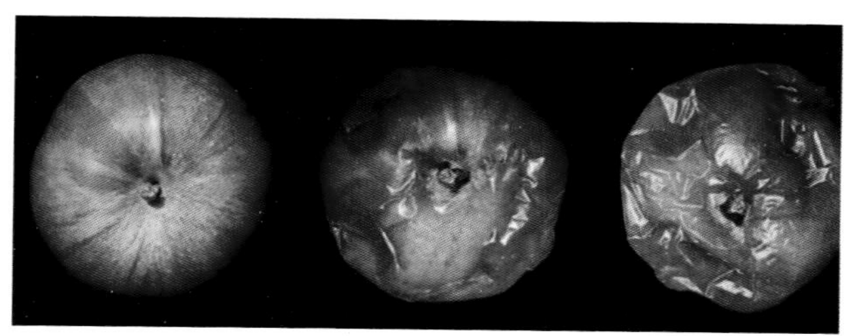

图 4-14　果胶酶引起的苹果变质

程，游离脂肪酸被氧化，生成过氧化物，过氧化物继续分解产生有刺激的“哈喇”味；另一种是脂肪的水解过程，油脂在酶的作用下分解为甘油和脂肪酸，游离脂肪酸进一步氧化，甘油也被氧化产生异味类物质。维生素的降解、色素的氧化也导致食品的色泽、风味和营养价值降低。

4. 由生命自身活动引起的变质

作为一个生命体，自身的新陈代谢和生长发育过程是必不可少的，由此引起的过多能量消耗也会导致食物变质。如呼吸作用，生物体细胞会将机体内的糖类、脂类和蛋白质等有机物氧化分解；发芽过程以及生理过熟等都将大量消耗生物体内贮存的能量，进而引起变质。

5. 食品本身组分间化学反应引起的变质

如焦糖化褐变，糖类在高温（150~200 ℃）影响下发生降解作用，降解后的物质经聚合、缩合生成黏稠状的黑色物质（焦糖或酱色）；抗坏血酸褐变，抗坏血酸自动氧化分解为糠醛和二氧化碳，而糠醛与氨

图 4-15　马铃薯片在空气中氧化

基化合物又可发生羰氨反应等。

6. 食品中某些成分散逸引起的变质

如水分的蒸发会使鲜活食品的外观萎焉，鲜嫩度下降；芳香成分的挥发会导致食品原有的风味散失，甚至出现其他不良气味等。

图 4-16　水分蒸发引起的梨萎蔫

7. 食品成分的物理化学变化引起的变质

如蛋白质变性，即蛋白质在高温、紫外线、超声波等物理因素和强酸、强碱、重金属等化学因素作用下，其特定空间构象会被改变，从而导致其理化性质的改变和生物活性的丧失。玉米、芦笋、绿豆等含硫蛋白食品在制成罐头时与锡、铁等包装容器接触时会发生变色。其他常见物理化学变化有淀粉的老化、乳化及破乳等。

图 4-17　面粉返潮

8. 由外部成分的渗入引起变质

如膨化食品及干制品等能够自发地吸收空气中的水蒸气，在它们的表面逐渐形成饱和溶液，从而使食品失去其原有的口感和风味。诸如此类现象还有吸附气味、包装材料成分的侵入污染等。

必须指出，在讨论保鲜问题时，要充分注意所谓的“差异性”和“关联性”。对于不同的食品，上述诸因素的影响程度是有差别的，如果蔬类食品在采摘后生命活动并未终止，保鲜的关键就是如何最大限度地抑制其生命活动，减少能量消耗。而对于熟制类食品而言，抑氧杀菌是保鲜的关键。另一方面，食品的变质通常是多种因素关联作用的结果，有效的保鲜防护常需要综合应用多种保鲜方法。往往一种食品的保鲜既要求防潮，又要抗氧化，同时还须抑制微生物的生长。现代科技的发展为人们深化探索保鲜过程中众多因素的影响及其更深层次的作用机理提供了有效的手段，促进了现代保鲜技术的飞跃发展。

（二）石斛贮藏过程中存在的问题

石斛在采收以后仍然是一个活体，能够进行各种生命代谢活动，消耗水分和营养物质，从而导致其感官和生理生化等各项指标不断下降，影响其品质和商品价值。为尽可能延缓其后熟和衰老过程，维持其采后鲜活状态，采用多种贮藏方法对其进行保鲜，但这只能在一定程度上减慢其的不良品质变化，石斛在贮藏过程中仍会产生各种问题。根据贮藏方法的不同，石斛在贮藏过程中会出现失水、变味、霉变等问题。

1. 失水

石斛在贮藏过程中由于呼吸作用和蒸腾作用会导致大量的水分散失，从而变软，失去原有的脆度及多汁的口感，取而代之的是纤维化，严重的影响其品质。经研究发现，在湿度为70%、5℃的贮藏温度下，未包装的石斛失重率可达54%，经包装的石斛贮藏90d后失重率在10%左右。并且，风冷式冷库对未包装处理的石斛失重率的影响更显著。

2. 不良气味的产生

利用真空包装袋密封包装的石斛鲜品，在室温下贮藏一段时间后，会产生微弱的酸味及乙醇发酵味，且随着贮藏时间的延长，味道不断加重，后期出现严重的腐烂味。这是由于在贮藏过程中石斛不断进行生理代谢活动，特别是后期进行无氧呼吸所致。

3. 霉菌的生长

由于石斛所含的营养丰富，且多种植在热带、亚热带等高温潮湿地区，其在收割过程中导致的两头组织破损处极易引起霉菌繁殖，形成霉斑。霉菌菌丝会进一步生长繁殖并逐渐由两头向中间扩散，最终使鲜品石斛失去商品价值，甚至是食用价值。特别是在用包装容器贮存的方式中，由于石斛的呼吸作用及蒸腾作用，包装中极易凝聚水珠，经长期观察发现，与水珠接触过的石斛更容易滋生霉菌及腐烂变质。

4. 冷害的发生

低温贮藏有利于抑制石斛的不良品质变化，但是温度过低也会对其产生不利影响，出现代谢失调和细胞伤害等现象。由于低温引起的膜脂相变会触发一系列不良反应，从而使石斛表面出现水浸斑、凹陷斑或烫伤状，表皮或内部组织褐变，有异味产生，有时这些冷害症状在回温后表现明显。

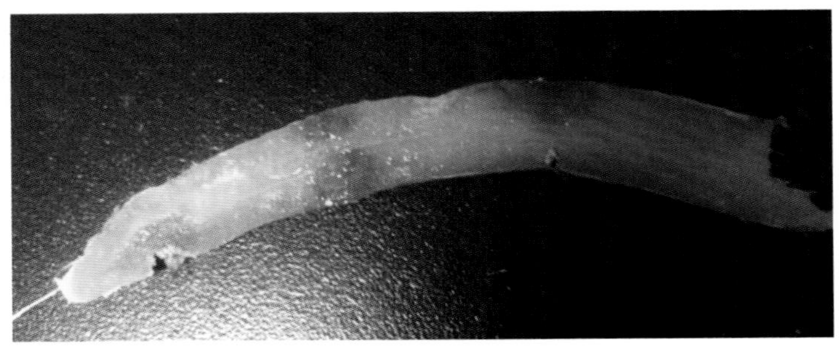

图 4-18　石斛冷害后腐烂

5. 其他问题

在无氧环境中存放一段时间后，石斛除了会产生乙醇味及酸味外，还会出现变色现象；在有氧环境且适当的相对湿度环境下贮存一段时间，则会出现出芽、开花等现象。

图 4-19 石斛鲜条采后发芽

图 4-20 石斛鲜条采后开花

第三节 石斛贮藏保鲜方法和技术

一、国内外贮藏保鲜技术

国际标准化组织将食品质地定义为：用机械的、触觉的方法，或在适当条件下利用视觉和听觉器官所感知到的产品所有流变学结构上的（几何图形和表面）特征。物品的质地也可以通过视觉（视觉质地）、触觉（触觉质地）和听觉（听觉质地）来感知。除了感观指标之外，人们还采用各种不同的仪器来测定食品的理化指标和微生物指标，据此来评定食品是否已腐败变质。

现代化的贮藏保鲜技术开始于 20 世纪初。20 年代首先发展了机

械冷藏，40 年代开始气调贮藏，50 年代出现了辐射处理，60 年代提出减压贮藏，70 年代苏联应用高压静电产生负离子用于果蔬保鲜，与此同时，美国、日本提出应用磁场处理等。80 年代以后，保鲜技术的发展已经从传统的冷藏，向物理的、化学的或是生物的天然保鲜以及物理、化学和生物三结合的综合保鲜等多种技术相结合、易于推广应用和安全无毒的方向发展。新的保鲜技术如减压贮藏、辐照保鲜、物理方法保鲜及涂膜保鲜的研究得到了越来越多人的重视。

（一）国内外食品保鲜技术

1. 低温贮藏

低温可以降低食品中微生物的繁殖速度，抑制酶的活性（动物性食品），并降低呼吸作用（植物性食品），同时能延缓食品内部组织的生物化学变化。通常低温下保存的食品中水会凝结成冰，从而使其保水能力大大增强。低温贮藏对食品质量影响很小，工艺已趋成熟，使用面很广。

低温贮藏一般有冷冻和冷藏两种方式。前者要将保藏物温度降至冰点以下，使小部分或全部呈冻结状态，肉类食品常用此法；后者无冻结过程，通常降至微生物和酶活力较小的温度，新鲜果蔬类常用此方法。

当前还有一种叫做冰温保鲜的技术备受欢迎。冰温保鲜是指在0℃到生物体冻结温度的温域内保存贮藏农产品、水产品等，可以使其保持刚刚摘取的新鲜度，成为仅次于冷藏、冷冻的第三种保鲜技术。因施加了熟化、发酵、浓缩、干燥等过程，加工品比其刚刚摘取时更加新鲜味美，从而使人们随时能够品尝到应时季节的美味食品，目前冰温技术已在日本全国推广。

2. 高温贮藏

食品热处理可以杀死微生物、钝化酶、破坏食品中不需要或有害的成分，改善食品的品质与特性，提高食品中营养成分的可利用率、可消化性，结合密封、抽真空、冷却等手段，对控制食品腐败变质有显著效果，能达到长期保藏的目的。

图 4-21　果蔬低温贮藏保鲜

图 4-22　畜产品低温贮藏保鲜

常用的高温贮藏法有高温灭菌法和巴氏消毒法。高温灭菌的目的在于杀灭微生物，使其接近无菌状态，温度一般保持在 120℃以上，常用于罐头食品杀菌。但由于高温杀菌对食品营养成分破坏较大，所

图 4-23　高温灭菌生产线

以对于牛奶、果汁、啤酒和酱油等流质食品常采用巴氏消毒法。其具体工艺有两种：一是在60~65℃下加热30min，称为低温长时间巴氏消毒法；另一种是在80~90℃下加热30~60s，称为高温瞬间消毒法。虽然巴氏消毒法能杀灭大部分微生物，但尚不能达到完全灭菌的效果，所以食品消毒后要迅速包装、降温和存放。

由于在热处理的过程中营养成分（特别是热敏性成分）有不同程度的损失，易导致食品品质下降。因此，为保持食品的品质和营养价值，同时达到杀菌的目的，工艺的优化是十分重要的。

3. 冷杀菌保鲜

所谓冷杀菌保鲜是相对于加热杀菌而言的，它无需对食品进行加热处理。冷杀菌的方法有多种，如辐射杀菌、紫外线杀菌、超声波杀菌等。

（1）辐射处理：食品辐射（Food irradiation）是用射线照射食品或原料，延缓新鲜食物内某些生理过程（如发芽熟化等）的进程，或对食品进行杀虫、消毒、杀菌、防霉等处理，达到延长保藏时间、保持食品品质的目的。人工产生的辐射如X射线和某些天然材料放射性的发现，可以追溯到1895—1896年。然而放射性进入食品辐射处理的研究和应用却在二战后才真正开始。在初期阶段，辐射被认为是通过杀菌来延长食品保质期的一种手段，与热加工很相似。但目前多项研究已证明对许多产品进行辐射杀菌是不可行的。现在更多的研究集中于利用低剂量的辐射达到期望效果而减少对食品的损害上。低剂量的辐射可以达到3个效果：一是辐射可以作为化学烟熏消毒的代替方法来杀灭香料、水果和蔬菜等食品中的昆虫；二是辐射可抑制发芽和其他自发机制的变质过程；三是辐射可以破坏那些可能致病微生物的营养细胞，提高食品的安全性和货架寿命。

（2）超声波杀菌：当超声波在液体介质中的声强达到一定值时液体会产生空化效应，在空化泡剧烈收缩和崩溃的瞬间，产生几百兆帕的高压和上千摄氏度的高温。空化时伴随产生峰值达 108Pa 的强大冲击波（对均相液体）和高速射流（对非均相液体），其温度变化速度可达 109℃ /s。这些效应对液体中的微生物有破坏和杀灭的作用。

超声可以提高细菌的凝聚作用，使细菌毒力丧失或完全死亡。但短时间的超声照射会产生相反的结果，使某些富有生命力的细菌数目有所增加，这是因为在起初的超声辐照下细菌细胞的聚集群发生了机械分离，而分离的单个细胞又为新的菌落提供了生长源。由此可见，超声杀菌效果与声强度、作用时间、频率等参量密切相关。

（3）放电杀菌：在放电杀菌工艺中，脉冲电压使两极之间的电场强度发生突变，场强达到一定值时，两极间介质被击穿而放电。液体中放电将形成一个主放电通道和多个弱放电通道，可产生下列某些效应从而杀灭微生物。

电化学效应：放电通道内产生的多种等离子体和基本粒子在电场作用下高速运动，具有很高的能量，冲击微生物细胞使细胞膜被破坏，甚至使细胞内大分子分解，切断 DNA 链，导致细胞的破坏死亡。

声学和力学效应：液体放电时，放电通道及周围的液体会瞬间气化形成气泡，气泡剧烈膨胀、破裂，产生声压达数百兆帕、波前速度达 10~50 000m/s 的强大超声液压冲击波。放电终止瞬间产生空穴，压力骤减，液体又以超声速回填空穴，形成回复冲击波。正是空化泡的压力瞬变，产生空化杀菌效应。但是，空化在空间上具有不均匀性，因此，只依赖空化杀菌的话，所需杀菌时间较长。

电磁效应：放电时击穿介质过程非常迅速，一般为 10^{-7}~10^{-5}s。介质通道电阻从绝缘态骤降到几分之一欧姆，瞬态电流密度可高达 10^5~10^6A/cm^2，并伴随几百到几千万 GS 的强磁场和极大的磁场梯度以及宽频电磁辐射。研究发现，高强度高梯度磁场对微生物具有杀灭作用。

热效应：带电粒子在放电通道内的高速运动会产生热量使区域温

度升高，但相对整个介质来讲，放电通道极小，故液体介质的总体温度的升幅并不高，一般不会引起介质性质的显著变化。

总之，放电杀菌是上述效应的综合作用，其效果与场强、脉宽、电极种类、液体食品的电阻率、pH 值、微生物种类以及污染程度等因素有关。

（4）高压杀菌：高压杀菌是近几年出现的一种新型杀菌技术，尚处在不断的研究与开发中。所谓高压杀菌就是将食品物料以某种方式包装后，置于高压装置中加压，使微生物的形态结构、生物化学反应、基因机制以及细胞壁膜发生多方面的变化，从而控制微生物的生理活动机能，使之破坏或发生不可逆变化致死，从而达到杀菌的目的。它不仅能保证食品在微生物方面的安全，而且能较好地保持食品固有的营养品质、质构、风味、色泽以及新鲜度等。因此，这一技术目前备受重视，对它的研究也正在广泛而深入地展开。

（5）臭氧杀菌：臭氧是人类已知的仅次于氟的强氧化剂。在常温常压下臭氧分子结构很不稳定，很快自行分解为氧气和单个氧原子。当其与菌体接触后，可快速扩散渗透到菌体的细胞壁，其强烈的氧化作用使菌体蛋白变性，破坏菌体酶系，致使菌体正常的生理代谢失调，最终将菌体杀灭。除此之外，臭氧还能氧化分解果蔬贮藏过程中产生的乙烯、乙醇、乙醛等有害气体。臭氧是一种广普高效杀菌剂，对食品无毒害，又不产生残余污染，可在食品中直接使用的“洁净”消毒剂。正是由于臭氧所具有的这些优点，使得它在食品车间、冷库消毒、除臭净化与食品加工设备消毒等方面具有很大的优势，因而获得日趋广泛的应用与推广。

4. 气调贮藏

食品变质的主要原因是呼吸作用、微生物生长、氧化和褐变等，这些作用与食品周围的气体环境有密切的关系。气调贮藏的思路正是从调节气体环境参数出发，控制果蔬的呼吸和蒸发作用，抑制微生物生长，延缓食品成分的氧化和褐变，从而达到延长食品保鲜期的目的。

根据气体调节原理，气调贮藏分为 CA（Control atmo-spH 值 ere）和 MA（Modified atmospH 值 ere）两种。前者指在贮藏期间，将气体的浓度控制在某一恒定的值或范围内；后者指用改良的气体建立气调系统，在以后贮藏期内不再调整。气调贮藏的方法：一是用气调冷藏库作为封闭系统，主要用于大量新鲜果蔬长期贮藏；二是薄膜封闭气调法，即利用薄膜的透气性，使膜内外气体交换速率与产品和环境的气体交换速率平衡在一定的状态下，延长产品的保鲜期；三是减压保藏法，也称低压贮藏或真空贮藏，它将食品保持在负压环境下，并不断补给饱和湿度的空气，以延长果蔬的保藏期。

图 4-24　气调贮藏库

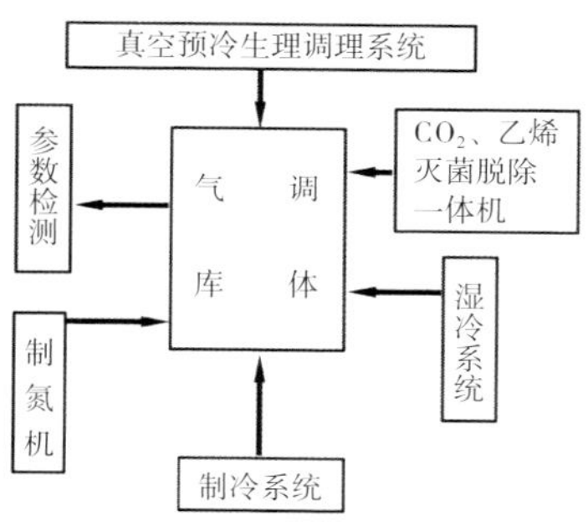

图 4-25　气调贮藏系统图

5. 使用食品保鲜剂

现代食品工业中大量地使用食品保鲜剂，它们的主要功能为：减少食品的水分散失，防止食品氧化和变色，抑制新鲜食品表面微生物的生长，保持食品的风味，维持食品（如水果）的硬度和脆度，提高食品外观可接受性，减少食品在贮运过程中的机械损伤。针对不同的食品和保鲜要求，采用的保鲜剂类别也各不相同。

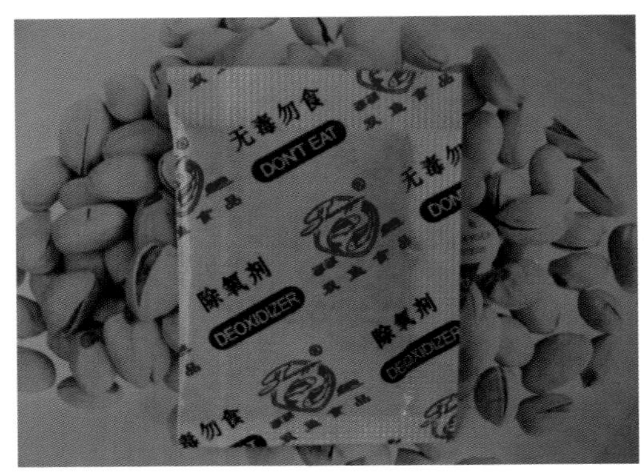

图 4-26 食品保鲜剂

6. 涂膜保鲜

涂膜保鲜就是在果蔬表面涂抹上一层高分子的液态膜，干燥后形成的薄膜可起到减少水分散失，隔绝氧气，抑制呼吸，降低微生物侵染，达到保持产品质量的目的。在果蔬表面涂膜可降低其各生理生化反应的速率，延缓果蔬组织的衰老和变质，提高产品的贮藏品质和稳定性。运用较多的涂膜材料有卡拉胶、壳聚糖、魔芋葡甘聚糖及纤维素衍生物等。因其方便安全卫生且可食用等特点，近年来越来越受重视。另外，在涂膜材料中加入柠檬酸、抗坏血酸等，其保鲜效果更好。

7. 生物技术保鲜

伴随着食品安全问题特别是滥用食品添加剂而来的是消费者对食品中使用的防腐剂越来越不放心，生物防腐剂即利用一些有益微生物的代谢产物来抑制有害微生物的生长，从而延长产品的货架期的研究备受重视。生物技术保鲜是以生物科学为基础，融合多学科技术发展起来的一个新兴研究领域。其定义虽然目前未有确切的提法，但其主要是指以生物有机体或其组分为材料，按照预先的设计，对食品在贮运历程中的质量变化施加控制，从而实现保质保鲜的目的。

现代食品生物保鲜技术可有效抑制或杀灭有害细菌，无毒物残留污染，能很好地保持食品原有风味和营养成分。这种技术节约能耗、利于环保，在保鲜的同时，还有可能改善食品的品质和档次，提高产品附加值。

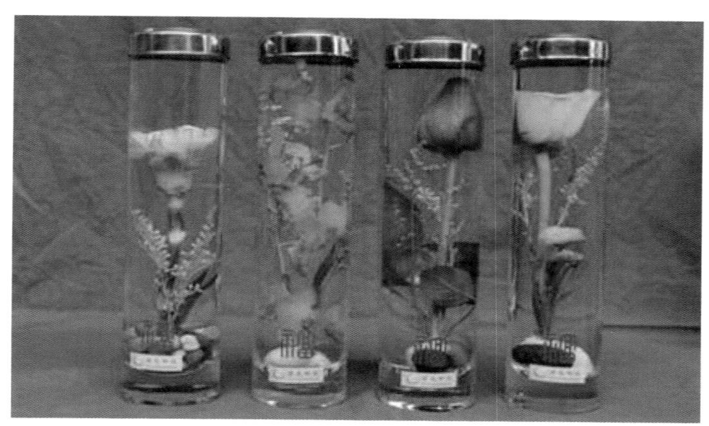

图 4-27　生物技术保鲜

8. 纳米保鲜

纳米技术研究材料在 1~100nm 尺度内发生性能变化的规律。纳米粒子因其独特的表面效应、尺寸效应、体积效应、量子隧道效应，被广泛应用于电子、材料、化工、国防、日用品等领域。

纳米材料科学的进步催生了这种新型的保鲜技术。将纳米无机抗菌材料通过特殊工艺添加到包装材料中，用该材料制作的容器具备长效的杀菌性能。由于纳米保鲜包装材料具有高阻渗性、多功能保鲜性、选择透过性、耐热性、无菌（抗菌）性以及除锈、除臭、能再封、易开封等特别性能，

图 4-28　纳米保鲜盒

它能显著改善材料的渗透性能，抑制霉菌的生长。将它用于保鲜包装中，可提高新鲜果蔬等食品的保鲜效果和延长货架寿命，在食品保鲜领域具有广泛的应用前景。

（二）常用食品保鲜存在的问题（表 4-3）

表 4-3　不同贮存方式的比较

贮藏方式	优点	缺点	适用范围
低温贮藏	可有效抑制呼吸作用，减慢代谢速率，延缓衰老，延长货架期；抑制微生物生长；成本较低	受地理位置限制，尚未大面积推广；无完整的冷链流通体系；易造成果蔬冷害	几乎所有食品
辐照保鲜	能够杀灭病原微生物或抑制其生长，杀灭有害昆虫，使其不育或降低繁殖力；抑制后熟和衰老过程，保持果蔬新鲜度，延长贮存期或货架期	食品水分易蒸发，使组织变软，保鲜效果较为有限；对剂量要求严格；易导致新鲜果蔬组织褐变，维生素被破坏	采后果蔬
物理方法贮藏（高压静电场和脉冲光）	投资少、能耗小、无环境污染，对果蔬品质影响小	技术含量高，需要专业人员进行操作，不宜在发展中国家推广应用	几乎所有食品
气调贮藏保鲜	可抑制呼吸作用，减少有机物消耗，保持原有风味和芳香气味；抑制水分蒸发，保持原有新鲜度；抑制病原菌的滋生繁殖，控制某些生理病害的发生，降低腐烂率；抑制乙烯产生，延缓后熟和衰老过程，长期保持果实硬度，有较长的货架期	CO_2 气体制备成本高，需经常测试气体成分；采用无包装气调，易引起果蔬失水，造成生理失调，产生后熟不匀，影响风味和香味；采用小包装气调，又会由于密闭不透气湿度大而引起腐烂	各种水果、蔬菜、花卉、苗木等贮藏保鲜

续表

贮藏方式	优点	缺点	适用范围
塑料薄膜包装保鲜	可减缓呼吸作用和蒸腾作用，使营养物质的消耗降低到最低；避免虫害及微生物的侵染；减慢果蔬的后熟作用，维持其新鲜状态，利于产品的宣传和销售	严重的“白色污染”，完全降解周期长；易形成无氧环境，促使生命体进行无氧呼吸，产生不良气味等	几乎所有食品

二、适用于石斛的贮藏技术

（一）传统保藏法

石斛的传统保藏法主要包括鲜条法和沙藏法。鲜条法是使用活体植株，强制预设通风道，通风清水加湿，降低植株体的生理活性，可以使石斛的保藏期延长至 1 个月左右。沙藏法即将活体植株藏于沙堆中，随用随取，效果较好，保藏期可在 1 个月以上。两种保藏方法都是采用活体植株保藏，并结合一定湿度和温度保藏，通过降低植株的生理活性以延长保质期，此法能有效防止不良气味的产生。其主要缺点在于两者都只适用于少量保藏，保藏期限短，容易腐烂变质，且需要较大的保藏空间，不适合现代化集约化生产。

（二）冷藏法

冷藏法是目前应用最为广泛的方法，贮藏温度在 0~5℃。有研究表明，将新鲜的石斛采收后洗净、按规格整理，用聚乙烯薄膜袋分装封袋，放入冷冻柜内保存，保藏期限可以控制在 2~3 个月。主要优势在于保鲜时间较长，保存期质量稳定，不易出现失水现象，清洁卫生，能有效防止霉菌的生长，省时省力，不会发生出芽、开花等现象，特别适宜大规模生产应用。

（三）低温速冻保鲜

速冻保鲜技术常被用于石斛保鲜，效果较好。此技术需先将石斛清洗干净，然后将其表面的水分晾干。为方便贮藏，可将其切片或切段，然后放入包装袋里，抽真空后封口，置于 -30℃下速冻，随后放入 -18℃冰箱内贮藏。速冻保鲜技术是使石斛中的水分快速结晶，迅速降低石斛温度的一种加工技术，它能保证石斛的原有成分和性质不变，而且该法成本较低，保鲜效果较好。

袋装冷冻法是在冷藏保鲜法的基础上发展起来的一种保鲜方法，主要区别在于冷藏温度。有研究采用速冻保鲜结合聚乙烯袋装技术，对石斛分别进行了保鲜方法的实验和保鲜前后的化学成分测定和药效学比较。结果显示，使用聚乙烯包装袋直接封口，-30℃速冻，-18℃保藏，可以在保持基本成分和药效的基础上，使石斛保鲜贮存期达 6 个月至 1 年。此法可有效防止失水现象和不良气味的产生，也能有效防止霉菌的生长及出芽、开花等，适宜大规模生产应用。

（四）辐照贮藏

辐射贮藏法利用 Co-γ 射线、β 射线、X 射线、Y 射线等照射石斛，不仅可以杀虫、杀菌，还可以抑制其生长，具有保鲜效果好、减少其中营养物质消耗的优点。但如果照射剂量掌握不好，反而保鲜效果会不理想，甚至还会损伤部分生理机能。适宜大规模生产应用。

（五）气调贮藏

气调贮藏方法比较简单，主要是采用塑料薄膜袋将石斛密封起来，控制袋内外的气体交换，促使药品通过自身代谢活动吸收氧气，呼出二氧化碳来降低氧气的浓度，使袋内的各种气体含量达到适宜的比例，从而达到使药品保鲜的目的。气调贮藏操作较简单，投入成本较少，但气调贮藏只适合短期贮藏，时间较长则贮藏效果不理想。适宜大规模生产应用。

（六）塑料薄膜保鲜法

塑料薄膜就是用聚丙烯塑料制成的保鲜材料，将石斛紧贴表面包裹，使其中的空气存留最少，再放于冰箱贮藏。采用薄膜自发气调包装保鲜技术（MAP）利用石斛自身的呼吸作用，降低袋内的 O_2 浓度提高 CO_2 含量抑制果蔬的生理代谢是一种既简单而又有效的保鲜方法，适宜大规模生产应用。

（七）真空冷冻干燥

真空冷冻干燥就是将石斛在 -30~-10℃进行冷冻处理，固定其物理形状，然后进行抽真空升华，最高温度一般不超过 50℃，时间 20~30h 完成。其基本保留了石斛的外观形态和气味，而且水溶剂极易渗透，可在短时间内吸水并恢复新鲜态，有效成分不会流失，适宜大规模生产应用。

（八）冷冻贮藏

冷冻贮藏是将石斛放入 -30℃的冷冻库内冷冻数分钟后，用塑料袋包装好再放入 -18℃的冷库中贮藏。其优点是方便，在小的药房也能进行，而且基本保留了原石斛的气味和成分，但易产生冷害现象，因此，此方法有待进一步研究改进。

（九）保鲜剂保藏法

保鲜剂保鲜法是将由蔗糖、淀粉、脂肪酸和聚脂物调配成的半透明乳液喷雾、涂刷或浸渍在石斛的表面，保鲜剂在石斛表面形成一层膜，阻止了氧气进入石斛的内部，从而延缓石斛成熟及衰老的过程，

起到保鲜作用。保鲜剂可食用，但不足之处是部分石斛在使用保鲜剂后会出现变色等现象，长时间贮藏可能会改变石斛的部分性能，因此，此方法有待进一步研究改进。

（十）生物技术贮藏

用多糖类物质、生物体自身的天然成分提取物及菌体次生代谢产物等通过涂膜、浸泡等方式处理石斛，达到抑制呼吸作用和蒸腾作用、减缓营养物质消耗、保持其采后感官品质的目的。当前，此种方法还在研究开发中，未投入大规模生产使用中。

从目前研究现状分析，速冻保鲜技术是较常用的鲜药保鲜技术，这种技术是以物料中的水分快速结晶为基础，迅速降低物料温度的一种加工技术。它能保证物料的原有成分和性质不变，而且成本较低，具备工业化生产的条件。由于鲜药品种多，每种中药的理化性质都有所不同，保鲜时要针对不同中药的特点采取适宜的保鲜技术，必要时还可以多种保鲜技术搭配使用。但这一方法存在以下两个方面的缺点：①解冻后的品质急剧下降，特别是石斛类鲜品解冻后，表皮色泽变暗，脆度降低，冷冻伤害严重，且在常温下极易发生霉变、腐败等现象；②速冻保藏的石斛对其销售和运输都提出较高的要求。

第五章　石斛加工工艺

第一节　石斛初加工

石斛工业化生产包括运输、清洗、切割、干燥等预前期处理，以及后期有效成分的提取、产品开发等深加工设备。石斛深加工设备将在后续第三、第四节讲解，本节主要概括初加工用设备。石斛前处理是根据原材料或饮片的具体性质，在选用优质石斛原材料基础上将其经适当的清洗、浸润、切制、选制、干燥等，加工成具有一定质量规格的石斛中间品或半成品。

一、原料运输及清洗设备

在石斛的生产加工过程中，从原料进厂到成品出厂，以及生产单元各工序间，均有不同的原料需要运输。

（一）清洗工艺要求

清洗石斛原材料用水应符合国家饮用水标准；清洗厂房内应有良好的排水系统，地面不积水，易清洗，耐腐蚀；洗涤设备或设施内表面应平整、光洁、易清洗、耐腐蚀，不与原材料发生化学变化或吸附原材料；洗涤应使用流动水，用过的水不得用于洗涤其他原料，不同的原料不宜在一起洗涤；按工艺要求对石斛采用淘洗、漂洗、喷淋洗涤等方法；洗涤后的石斛应及时干燥。

（二）主要净制设备

1. 净洗机

清洗是石斛前处理加工的必要环节，清洗的目的是要除去石斛原材料中的泥沙、杂物。根据石斛清洗的目的，划分为水洗和干洗2种。

水洗的主要设备是水洗池和净洗机（图5–1、图5–2）。净洗机有喷淋式、循环式、环保式3种形式：①喷淋式净洗机的水源由自来

图5–1　水洗池

图5–2　净洗机

水管直接提供，洗后的废水直接排掉，这种净洗机的造价相对较低，劳动强度较轻，耗水量大；②循环水净洗机自带水箱、循环泵，具有泥沙沉淀功能，对于批量石斛的清洗具有节水的优点；③环保型净洗机在循环水净洗机的基础上，通过增加污水处理功能，它能将净洗用的循环水经污水处理装置处理后反复利用（限同一批石斛原料），从而进一步节约水资源。

2. 干洗清洗机

干洗的主要设备是干式表皮清洗机（图 5-3）。由于广泛地用水洗净制各种原材料，易导致一些原材料的功能营养成分不必要的流失。为避免这些成分的流失，采用干式表皮清洗机就可达到这一效果，其主要功能是除去非有效成分和非营养成分杂质。该设备对于根类、种子类、果实类等食品原材料具有良好的净制效果。

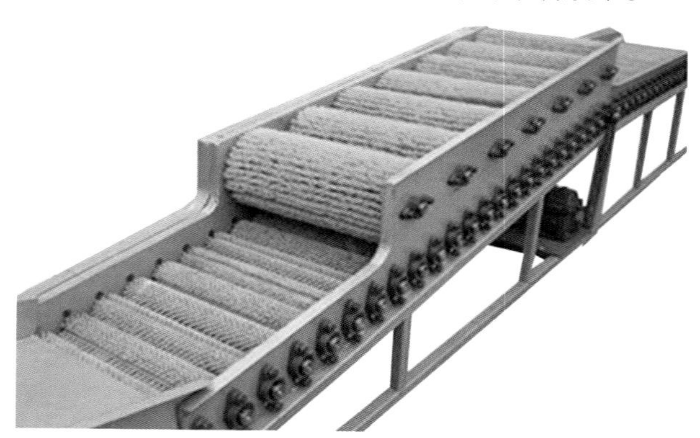

图 5-3　干洗清洗机

二、原料切制设备

石斛的切分是产品粗加工与精深加工都必不可少的一步，用于切分设备主要因原料用途的不同而不同，可大致分为切块机、切片机以及粉碎机（图 5-4 至图 5-6）。

切块机与切片机主要用于将石斛茎切成大小不同的片状和块状，以便于更好地提取其中的功能成分，粉碎机则主要用于将花、叶和切成片状的茎进一步加工成粉末。这类设备可将原料快速地切分成所需要的大小，且产品均一，美观，省时，所需劳动力较少，适合大规模生产。

图 5-4　切块机

图 5-5　切片机

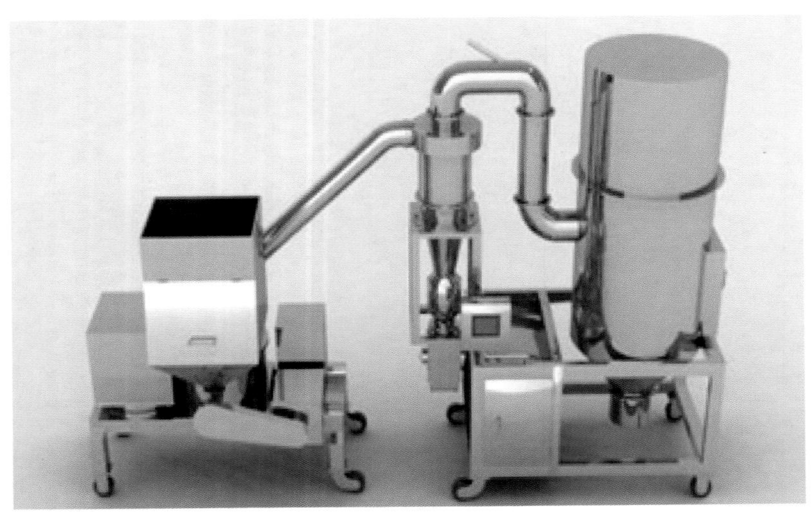

图 5-6　粉碎机

三、干燥机械与设备

常用的干燥方法有多种，而在石斛产品的加工过程中应用较多的为真空干燥法和气流干燥法（图 5-7、图 5-8）。

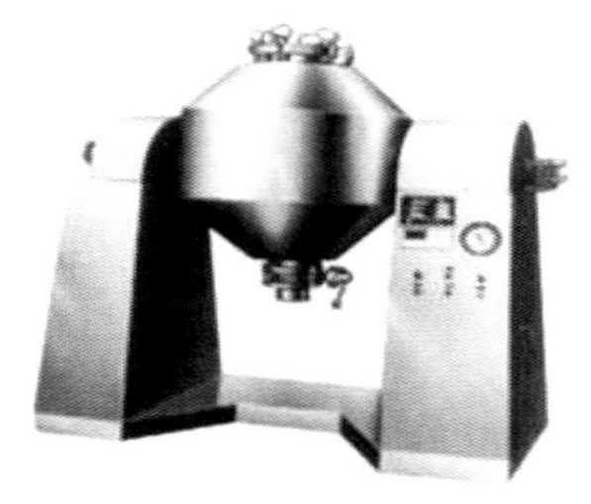

图 5-7　真空干燥机

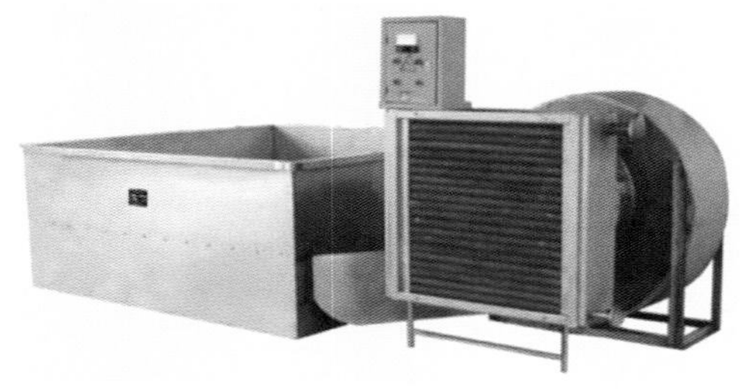

图 5-8　鼓风干燥机

真空干燥法能较好的保持原料中物质的特性，不因高温而变性，同时干燥效率较高，能大大提高生产效率，但是该方法对生产设备的要求较高，价格昂贵；用气流干燥物料的方法在我国应用较早，这一方法具有设备投资少、使用方便、方法简单、自动化程度高等诸多特点，但气流干燥法因使用热源加热空气，会导致石斛中一些热敏性物质变性甚至失活。

四、典型石斛加工生产作业线

石斛加工产品的种类有很多，例如石斛酒、石斛花茶、石斛叶茶等，因选取植株的部位不同而有所区别。

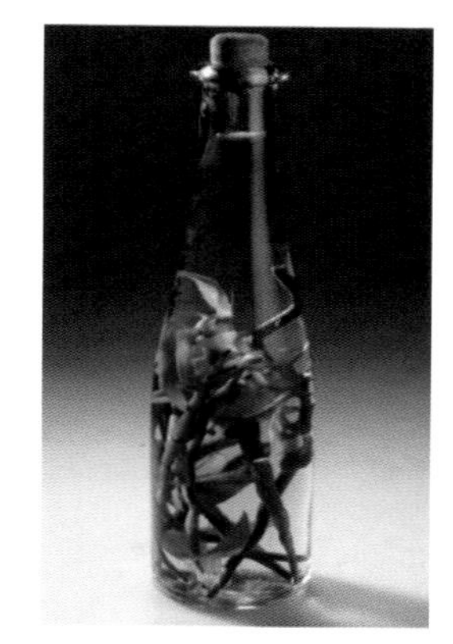

图 5-9　石斛酒

石斛酒具有滋养五脏、美容养颜、抗衰老等诸多功效，《圣惠》中详细记载了石斛酒的配方以及制作方法：石斛 200g，丹参 100g，川芎 100g，杜仲 100g，防风 100g，白术100g，人参100g，桂心100g，五味子100g，白茯苓100g，陈橘皮100g，黄芪100g，薯蓣100g，当归100g，干姜100g，甘草50g，牛膝150g，上锉细，以生绢袋盛，用清酒5斗，于甕中渍，7日开。酿成的石斛酒色微黄，澄清，有特殊香味（图5-9）。

石斛花茶清新淡雅，风味独特，同时因其具有滋阴润肺、增强免疫力，可辅助治疗糖尿病、慢性肝炎、慢性胃炎等疗效，而深受人们喜爱。石斛花茶制作方法较为简单，将新鲜石斛花朵摘下，清洗后，平摊在地上，经自然风干燥，碾压成型，或直接取新鲜花朵清洗后直接用热水冲泡，两种制作方法各具风味（图5-10）。

图5-10　石斛花茶

图5-11　石斛叶茶

石斛叶可制作成茶，取新鲜嫩叶经摊放、杀青、揉捏等一系列工艺制作成石斛茶，成品茶一般呈螺旋卷曲状，黄褐色，长时间服用可降低血脂，护肝明目，清肺止咳，服用时可配以西洋参、麦冬等，使其具有更多功效（图5-11）。

图5-12为石斛叶茶制作工艺。

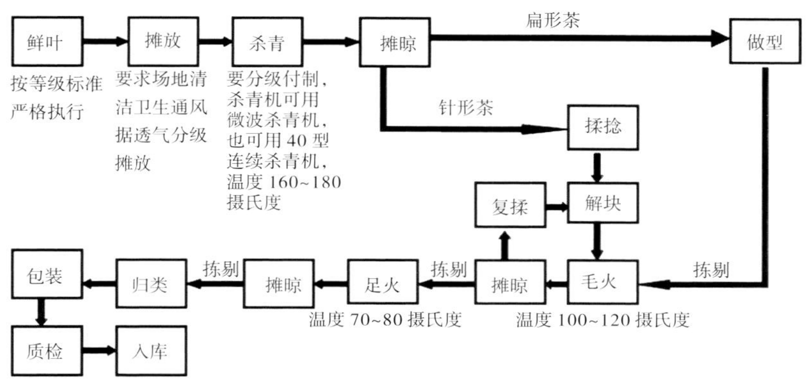

图5-12　石斛叶茶制作工艺

五、石斛原料产品

（一）石斛鲜条

因石斛以茎入药，所以，通常所说的石斛指的是石斛的茎。石斛鲜品即新鲜的石斛茎。金钗型石斛与黄草型石斛的茎特征略有不同。

金钗型的鲜石斛茎呈稍扁的圆柱形，基部较细，直径1~1.5cm，表面黄绿色，光滑，有纵棱，节明显，节上有棕黄色的环，节基部包围有灰色膜质的叶鞘，长度约占节间的1/2。

黄草型的鲜石斛茎呈圆柱形，肉肥厚。常见的有：①铁皮石斛：外皮黑绿色，茎较短壮，粗细均匀，节略弯曲；叶片瓜子形，质厚，叶鞘紧包于节间。嚼之有浓厚黏性，味淡。品质好。②细茎石斛：外皮黄绿色，茎较瘦长，叶亦较长，质薄，叶鞘易剥离，节直。嚼之黏性较薄，味淡。品质较差。③爪兰石斛：外皮绿色，茎粗细不均匀，常两端细，中间粗，叶较长。嚼之有苦味。品质略次。鲜石斛均以青绿色或黄绿色、肥满多汁、嚼之发黏者为佳。

（二）石斛花

不同品种的石斛，其花朵的形态和作用也略有不同（图 5-13）。如金钗石斛，花呈粉白色，六瓣，总状花序有花 1~4 朵，花大，下垂，花期 4~6 个月，金钗石斛花具有显著的解郁功效，可缓解疲劳、心情烦躁、抑郁等症状；铁皮石斛，花成淡黄色，六瓣，花型大，四面散开，气味清香，花瓣边为紫色，瓣心为白色，也有极少数为黄色，橙色，铁皮石斛花中含有大量的挥发油，可以舒缓神经，辅助治疗失眠、暑热、躁动、精神紧张等各种不适症状。

图 5-13　石斛花

将石斛花经过晾晒或热风风干制成石斛花茶，这种天然的新型花卉型饮料颜色赏心悦目，其香味也芳香宜人，具有滋润皮肤、美容养颜、提神醒目之功效，特别受到年轻女性消费者的青睐。花卉含有人体必需的矿物质元素、氨基酸、蛋白质及类黄酮物质，对人体具有独特的保健作用。石斛花中含有多种挥发油，具有挥发性，可以清新解郁，有助于舒缓精神紧张，保持头脑清醒，解除精神抑郁，安定烦躁情绪，因此尤其适合有精神性失眠、暑热不适、躁动不安、工作压力大等症状者，或作为日常养颜清心之用。

（三）石斛叶

叶革质，长圆形，长 6~11cm，宽 1~3cm，先端钝并且不等侧 2

裂，基部具抱茎的鞘（图 5-14）。石斛的叶片中同样含有石斛多糖、生物碱等功能性营养成分，含量相对于茎部较少。据检测，石斛中的多糖、石斛碱等功能性成分含量于石斛茎中最多，其次是叶和根，可将石斛叶经杀青、揉捻、烘干后制成石斛茶叶产品，石斛叶中的有效成分在良好的技术条件下可被最大限度地保留。石斛茶叶产品中含有的多糖等功能性成分经沸水冲泡多次后可大量溶出，饮用可被人体吸收，具有养阴退热、生津止咳、调理肠胃等功效，与以石斛茎为原料的其他石斛产品有相类似的功效，另外石斛茶叶类产品更有便于携带、方便服用等特点，将石斛叶加工后制成石斛茶叶产品，是对石斛资源的充分利用，避免资源浪费，填补了石斛茶叶产品的空白，同时还具有很好的经济效益。

图 5-14　石斛叶

第二节　石斛枫斗加工

石斛类药材按中医不同的习惯用法可分为金钗石斛、黄草石斛、鲜石斛及枫斗 4 类。枫斗是用石斛属植物（Dendrobium）一些细茎类型，并富含黏液植物的茎经过烘焙，使之软化，除去叶鞘，搓成条形或卷曲成紧密及疏松团状、弹簧状等。后者状似耳环，故又称为耳环石斛或耳环斗[1]。耳环石斛为北方药工对枫斗的称呼，而南方一带均称为枫斗。

一、枫斗的历史起源

枫斗的出现已经有 2 000 多年的历史，约最先始载于清代赵学敏所著《本草纲目拾遗》:“霍山石斛出江南霍山，形较金钗石斛小，色黄而形曲不直，有成球者，彼土人以代茶茗”[2]。此处描述完全与现今的耳环石斛或枫斗的性状和应用方式相吻合。关于枫斗加工生产，据阳富清等在《文山风物》一书中记载：广南（即云南）人民利用本地资源，于 20 世纪 20 年代，从浙江请来师傅加工，远销国内外[3]。

陈存仁 1935 年在《中国药学大辞典》及《中国药物标本图影》二书中也有枫斗的记述并有枫斗、耳环石斛的精细绘图[4]。木村康一（1937）在中药石斛的生物学研究中收集我国各地的枫斗有：云南枫斗、老枫斗、广东顶上枫斗、云南大黄草（枫斗）、老河口无芦枫斗、耳环石斛、云南中枫斗、贵州枫斗、安徽中等枫斗、云南泸西铁皮枫斗、江西抚州顶老枫斗及福建枫斗等达 12 份之多[1]。由此可见，新中国成立前枫斗在我国长江以南及流域带，普遍见有生产加工，是石斛类药材中一个较为著名的商品。现在加工枫斗的重点地区在浙江、云南等地。

二、枫斗加工的目的和意义

（一）枫斗加工的目的

药用石斛中对人体最有效的主要成分是石斛多糖和石斛碱，对人体有很好的保健作用。石斛鲜条在一定温度（60℃左右）下加工成枫斗，在这个过程中，石斛组织细胞部分破裂，能最大限度地释放出石斛多糖和石斛碱，食用后易被人体吸收，所以石斛枫斗成为了今天被人们追捧的高档保健品。

（二）枫斗加工的意义

新鲜的石斛不能长久保存，而通过人工将新鲜的石斛加工成枫斗后石斛就不易霉烂、虫蛀和变质，延长了石斛的保存期限，从而提高了市场抗风险能力。枫斗对人体的新陈代谢有积极作用，对人体有抗疲劳、抗衰老的功效，能提高人体免疫力。

三、常见枫斗的分类

（一）西枫斗

西枫斗即选用霍山石斛、美花石斛、细茎石斛、广东石斛等鲜全草，除去叶片及膜质叶鞘，留下 2~3 条须根（龙头）及完整的茎顶端（凤尾）置铜锅内，在盖了灰的炭火上（保持 80℃左右）缓缓烘软后，手工搓揉使其成螺旋形，再入锅内（降温至 50℃左右）烘烤，反复操作至干后不变形为度。注意避免高温烘烤，以免影响成品质量。西枫斗一般可见 1~4 个旋纹，直径约 3mm。以色黄绿、龙头凤尾齐全、长短粗细均匀、味甘淡或微苦而回甜者为佳。

（二）吊兰枫斗

吊兰枫斗是铁皮石斛、紫皮石斛、细茎石斛、束花石斛、广东石斛、美花石斛、重唇石斛等的幼茎作为加工原料，按西枫斗的加工方法加工而成。其成品无龙头凤尾，两端可见剪刀痕。

（三）黄草

黄草是取石斛属植物尚未结果的鲜草的上半部分，除净叶及根头，置锅内炒软或沸水烫软后，搓去膜质叶鞘，边搓边晒（或烘）至干（注意开始搓时不宜用力，以免擦破茎皮，影响质量），使之色金黄，顺条理直成束把。黄草一般以身干、无岔枝、节稀疏、质地柔

软、有粉质、味不苦、有黏性者为佳。

四、枫斗的加工工艺

现在市场上的枫斗大多加工成紧密的螺旋状或弹簧状，有些加工成不规则的团粒状，是因为石斛品种以及石斛茎长短和粗细不同而采用不同方法加工的，有的甚至取决于不同地区人们对商品石斛的认识和需求，下面就以龙陵紫皮石斛为例，介绍枫斗的加工工艺。

（一）制作枫斗的工具

火盆，钢筛，尖嘴钳子，剪刀，木炭（或机制炭），引燃物，打火机，铲子，稻草或纸条等，或热式烤盆。

（1）火盆的大小

直径 50~60cm，材质：铝或钢。

（2）钢筛大小

直径 60~80cm，材质：钢。

（二）鲜条处理

将石斛鲜条（又叫白条）除去泥沙杂质，叶子捋净，用剪刀将花梗、须根和侧枝修剪掉。

（三）枫斗加工工艺

枫斗的加工一般分为原料整理、低温烘焙、造型定型和干燥 4 道工序，枫斗加工的质量主要靠加工者的经验累积，各工序均以手感判断为主，同样品质的石斛鲜条在不同的加工者手中，加工出来的枫斗差异很大。

1. 烘烤准备

将大盆置于支架或空心砖上，盆底垫一层 7~10cm 厚的灶灰，再把木炭放于盆中央引燃，为了控制温度，在燃起的木炭上面盖上灶灰，四周盖厚一点，中央部分薄一点，使火盆中央温度最高（60~80℃），周边温度逐渐降低，或准备电热式烤盆一个。

2. 枫斗制作过程

（1）一次成型：把经过处理的紫皮石斛鲜条放到温度为60~80℃的钢筛上，烘烤50~60min，烘烤过程中要适时进行翻动（注意：鲜条不能发泡肿胀、不能听到爆裂的声响、不能烤焦），一般是茎尖、基部及茎较细的部分先熟（含水分在20%左右，手捏不硬也不太软），当判断可以加工枫斗时，用剪刀与茎秆成45°角剪成6~8cm长的茎段（根据鲜条的粗细情况及制作枫斗要求而定，茎较细、茎尖和硬脚则长一点，茎段中部短一点，要求做好后的枫斗大小均匀），然后将剪好的茎段用左手拇指、食指捏住，右手拇指和食指顺着逆时针方向反搓一下，再按顺时针方向，沿鲜条的纹路呈螺旋状盘绕，再用拇指压下尖端，形状保持两头小中间大，若鲜条硬还需要用尖嘴钳夹一下再捏，最后用稻草或纸条十字形箍紧固定形状，继续在温度为50℃的火盆上烘烤。

操作要点：火盆温度不能过高，扭草时草不能破裂。

（2）修复与再次成型：将做好的石斛枫斗放在钢筛上面烘烤，温度控制在40~50℃，上面用棉布覆盖保温，并注意时常翻动，注意观察捆绑的稻草或纸条变硬，其里面的枫斗变小、变软时就可以进行下一步的修草。即把捆绑枫斗的稻草或纸条解开，在原来的形状上进行紧固，螺旋状变形的再把其捏成螺旋状，使枫斗紧实、无空心、无松散现象再绑紧，继续烘烤使其定型。方法：用双手的拇指和食指捏住草，同时双手向相反的方向旋转，并向中间用力挤压，变形的要注意矫正，使其变成饱满的螺旋状，保持两头小中间大，再用稻草或纸条十字形箍紧固定后烘烤。当枫斗的水分达到12%~14%时（手感枫斗较硬、干燥）取出放到指定容器内，停止加热。

（3）再次修复成型烘干：将干燥度不够、螺旋型不好的枫斗进行再修复让其达到标准，方法同上，反复数次，直至达到干燥标准停止烘烤。

（4）成品和保存：将烘干的枫斗去除加箍的稻草秆或纸条，并根据需要经过打磨和抛光除去外表鞘膜，通风干燥。把干燥好的枫斗分档，放在密闭储存器中保存，放在阴凉干燥处即可。

五、枫斗的标准

根据枫斗的外观造型、颜色及各种石斛多糖和石斛碱含量，可以确定石斛枫斗的高、中、低档次。在无法确定石斛多糖和石斛碱含量的情况下，判定枫斗的好坏主要是观察其颜色和形状，闻其味道，嚼其胶质。颜色呈黄绿色，形状卷得严实（圆、净、均、紧），石斛香味重（青草香气），嚼下去胶质多，无苦味，无渣为之上品。

（一）原料标准

枫斗加工的原料即石斛鲜条，绿色标准即要求材质好、源头好、种子好，种植过程好、鲜品采收好和管理标准化。

1. 材质

指的是在整个生长过程中，严格按照绿色农产品操作规范进行种植，生长全过程没有植株大面积患病而导致死亡的现象。

2. 源头

指有产地证明的石斛。

3. 种子

种子是通过人工选育健壮的种苗进行繁殖后代。

4. 种植过程

指在整个生长的周期里，对肥料、农药的选择符合绿色食品生产要求，不使用激素。

5. 鲜品采收

指采收的鲜条没有污染，茎上的叶片完全脱落。

6. 管理标准化

指石斛的种植符合无公害食品的生产要求。

（二）加工过程控制标准

1. 温度控制

加工过程中把烘烤的温度控制在 60℃左右。

2. 水分控制

烘烤成型的枫斗水分含量掌握控制在 12%~14%。

3. 断点掌握

石斛鲜条剪成小段时，段点不选择在节上。

4. 防治胀气

烘烤时石斛段不能发泡肿胀。

5. 防治焦黑

烘烤时不能烤焦。

6. 保持通风

（1）加工过程中要通风，防止中毒或对身体不适应。

（2）加工好的枫斗要放在通风、干燥、阴凉的地方，防止发霉。

7. 保持工具专用性

加工枫斗用的工具不能用做它用，只能用来加工枫斗。

8. 保持卫生

加工场地必须清洁整齐，工作人员衣服整洁，在各个环节前必须洗手，加工时各种盛器必须干净，在太阳下暴晒后方可使用。

（三）工艺标准

形状卷曲的严实，一般为 2~4 个旋纹，总体 4 个字：圆、净、均、紧。

第三节 石斛产品深加工工艺

提倡合理膳食，就不能不提有些食物具有特殊的作用，它不仅可以提供人体所必需的营养，而且还有防病治病的功能。西方医学之父希波克拉底指出："我们应该以食物为药，饮食就是你首先的医疗方式"。这与我国中医理论药食同源"寓医于食"不谋而合。我们把这些具有防病治病功能的食物叫做保健食物。保健食物不是保健品，保健食物是纯天然，不含任何添加剂的食品，如今，市场上出售的大多数是保健品，不仅不能保健，而且可能会给身体带来负担。

随着石斛功效的挖掘及现代制剂工艺的发展，以石斛为原料的保健品也开始进入市场，形式逐渐丰富，除了枫斗之外，还有石斛含片、石斛晶、铁皮石斛颗粒等多种保健品。但目前很多产品开发处于低水平重复，新产品及深加工产品缺乏，且市场上鱼龙混杂，过于夸大事实宣传，使得石斛保健食品市场由盛转衰。

实际上，石斛作为一种中药材，具有益胃生津、滋阴润燥等功效，以石斛为原料的相关保健食品在提高免疫力、抗氧化、延缓衰老及清咽润喉等方面都具有一定的效果；对癌症也有一定的辅助治疗作用，特别是对癌症患者在放、化疗后出现的口渴、咽干及干呕等症状，具有很好的疗效。对石斛保健品市场监管得当，使其向着正规化的方向发展，其仍然有生存和发展空间，为人类健康服务，创造出更多的经济、社会价值。在选择保健食品剂型的时候，针对不同的人群选用不同的剂型（表 5-1）。

表 5-1　石斛功能食品的产品形式

产品形式	产 品 分 类
初加工制品	鲜枝、干石斛、冻干石斛
饮　料	鲜汁饮料、茶饮料、功能饮料、口服液
片　剂	薄膜衣片、口含片、咀嚼片、分散片、泡腾片
胶囊剂	硬胶囊、软胶囊
冲　剂	冻干粉、微粉、颗粒剂
茶　剂	石斛花、石斛叶、干切片、冻干切片
酒　剂	保健酒、果味酒
功能主食	石斛大米、石斛面条、石斛点心
休闲食品	果冻、软糖、酸奶

下面列举几种以石斛为原料的常见产品或适于石斛加工的产品形式。

一、初加工制品

（一）鲜石斛

新鲜石斛相较长期储存的石斛，其中，多酚类成分保存较为完整，在条件允许的情况下鲜食石斛可以较大程度上保留石斛中的营养成分，但鲜食石斛不耐贮藏，因而鲜食石斛对产品收储运输等环节生产规范及技术装备要求较高。

原料石斛的预处理一般采用采后去根、花序梗并剥去叶鞘，将短条留用，长条切成短段，清洗后包装成成品。针对新鲜铁皮石斛的食用有详细记载：将新鲜铁皮石斛加工成整株或长度为 1~10cm，采用 Co60 辐照处理，辐照剂量为 1~3kGy，或采用在 100℃开水下漂烫 0.5~2 min 的热处理手段，随后真空包装。食用时以开水浸泡饮用，推荐摄入量为每天 2~4g。采用保鲜石斛的制备方法能保持原植物的成分不浪费，不损失铁皮石斛的主要成分，且食用方式多种多样，简单方便。

（二）干石斛

鲜石斛制品的营养价值虽高，但石斛具有贮存时间较短的加工特性，为了满足保存及延长货架期的需要，通常会将石斛干燥后再进行贮藏。干石斛制品是目前市场上出现最多的石斛初加工制品，如铁皮枫斗。干石斛可以直接泡茶饮用或在炖汤时加入，同时干石斛是制备保健食品的原料来源。常用的制备干石斛的方法有传统干制法和冷冻干燥法，不同的干燥方法会造成石斛中功能性成分有不同程度的损失。

传统干制法的制作流程是将采回的石斛去根、叶和杂质成分，放于水中浸泡几日，让叶鞘膜质慢慢腐烂，再用硬刷刷净，然后晒干，置于炕灶上烘烤，并使用草垫、麻布口袋或席子覆盖，使其不透气。烘烤时火力不易过大，待表面呈黄金色时，再烘至全干，继而得到传统干制石斛成品。传统方法获得的干石斛成品可大大提高贮藏时间，但这种方式也会导致石斛中的营养物质流失较为严重。

采用真空冷冻干燥技术加工而成的成品，作为一种新型石斛干品，具有以下特点：①干燥时间短；②卫生程度高；③不受天气条件限制，不易减收、减产；④更多地保持了鲜品的原有色泽和口感；⑤更多地保持了营养成分和功能成分；⑥基本保持了原有的外观和形状。冻干工艺在最大程度保存石斛营养的同时，达到延长贮藏时间的目的，兼具鲜石斛与传统干石斛的优点，产品附加值高，开发冻干石斛产品附加值高具有广阔的市场前景，投资者将取得良好的经济效益，是目前功能食品开发的方向。而目前存在的技术难点在于，冻干设备成本高，耗能大，需要专业的技术支持。具体操作过程如下：石斛通过采收后进行整形分级；放入200mg/kg次氯酸钠中消毒；清水洗净；放入0.05%维生素C溶液中浸2s，进行护色处理，摆放整形后放入-40~-30℃速冻库中速冻20h取出，立即放入真空舱干燥

20h，使其含水量低于3%取出；最后进行防水包装，即得石斛干制品。冷冻干燥的成品较好地保持了鲜草的原有色泽、口味；更多地保持了营养成分；基本保持了原有的外观和形状等特点。

二、饮料

（一）石斛鲜汁饮料

以果蔬汁为基料，加水、糖、酸或香料调配而成的汁称为果蔬汁饮料（图5-15）。以石斛茎原汁作为主要原料，加入调味剂与香料，可制作成口感独特同时具有良好的保健作用的石斛鲜汁饮料。

图5-15　石斛饮料

具体制作方法如下：把石斛用清水洗干净，放入水中煎煮5~10min，水煎温度为90~120℃，随后再掺入冰糖糖浆，接着把已用水煎成的草浆冲入经过滤、消毒、杀菌的水中，经充分混合后，装灌、瓶（听）中，灯检合格后，即成石斛鲜汁饮料。

（二）石斛花饮料

天然的石斛新型花卉饮料颜色赏心悦目，其香味也芳香宜人，具有滋润皮肤、美容养颜、提神醒目之功效，特别受到年轻女性消费者的青睐。石斛花中含有人体必需的矿物质元素、氨基酸、蛋白质及类黄酮物质，对人体具有独特的保健作用作用。

石斛花经晾晒或热风干燥后制得干石斛花作为花饮料的原料，将原料用沸水煎后得到水提物经稀释、调配后，灭菌得到的花饮料，灌装封盖即得成品石斛花饮料。饮用方便，口味适合女士及老年人饮用。

（三）石斛功能饮料

石斛作为一种功能食品，其中功能性成分含量较高，通过提取出石斛中的功能成分，将其添加到饮料中制作成石斛功能饮料，例如将石斛多糖添加到饮料中，获得石斛多糖功能性饮料。研究表明，多数石斛多糖是由甘露糖、半乳糖、葡萄糖等组成；金乐红采用石斛多糖喂养接种了肉瘤的小鼠，通过体外检测抗肿瘤活性发现，石斛多糖能有效抑制小鼠肉瘤的瘤体生长和离体肝肿瘤细胞的生长，同时还可以改善机体免疫力和免疫器官功能[5]；进一步的研究发现，石斛茎多糖具有免疫调节活性[6]，随后经大量药理实验表明，石斛多糖具有抗肿瘤、抗辐射、增强单核巨噬细胞的吞噬能力及对体外淋巴细胞转化有促进作用等功能，因此将石斛多糖加入到饮料中，使饮料具有生物活性与保健功能。

（四）石斛口服液

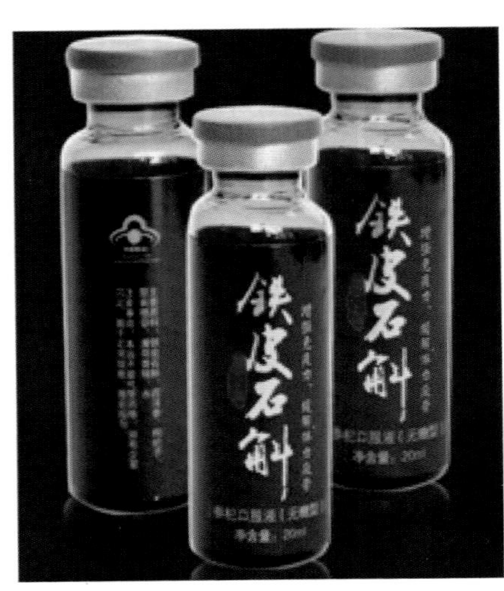

图 5-16　石斛口服液

口服液具有吸收快、味道好的特点，多见于营养素的补充剂中，然而口服液在生产过程中对设备要求较高、对环境要求苛刻，工艺复杂，限制了口服液的发展规模和品牌多样性，但因石斛营养价值较高，生物活性较强，具有较高的商品价值，仍研发出了不同品种的石斛口服液（图 5-16）。

三、片剂

（一）石斛薄膜衣片

主要功能成分为石斛提取物，片心外包有薄膜衣的片剂，直接开水送服。

（二）石斛口含片

口含片是指含在颊腔内缓缓溶解而发挥作用的压制片，多用于口腔和咽喉不适者，可在局部产生较持久的效果，比一般内服片大而硬，味道适口。经造粒后的口含片在舌面上没有粉状感，口含时没有发黏感，崩析性好，香气均匀持久，酸甜度协调均匀，含片表面的花点较均，质地较硬，不易裂片或破损，形状大小较均匀。将石斛中功能性成分与配料混合后，制作成口含片，可在口腔中发挥抑菌、修护黏膜的功效（图 5-17）。

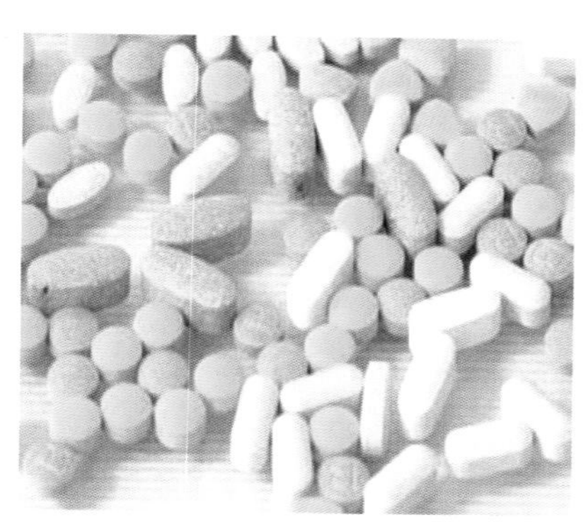

图 5-17 石斛口含片

（三）石斛咀嚼片

咀嚼片是指在口腔内嚼碎而咽下的片剂。适用于小儿或吞咽困难者。咀嚼片的生产一般采用湿法制粒，不需加入崩解剂，即使在缺水情况下也可以按时服用。咀嚼片嚼碎后便于吞服，同时加速药物溶出，

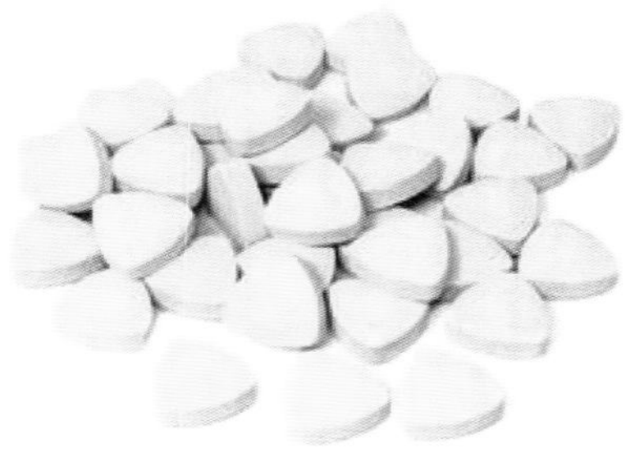

图 5-18 石斛咀嚼片

提高功效（图 5–18）。

（四）石斛分散片

分散片系指遇水能迅速崩解均匀分散的片剂。这种片剂的处方组成除主要原料外，尚含有崩解剂（如羧甲基淀粉纳、低取代羟丙基纤维素等）和遇水形成高黏度的溶胀辅料。服用方法既可以像普通片那样吞服，又可以放入水中迅速分散后送服，还可咀嚼或含允。分散片具有服用方便、吸收快、生物利用度高和不良反应少等优点，但是，由于分散片使用的崩解剂量较大，吸湿性较强，对包装材料的阻湿效果要求更高，故包装及贮藏成本较高。石斛分散片的开发，使不易进行咀嚼和吞咽动作的人群，也能食用到石斛产品，获得保健功效。

（五）石斛泡腾片

指含有泡腾崩解剂的片剂（图 5–19）。泡腾片遇水可产生二氧化碳气体而使片剂快速崩解。这种片剂特别适合儿童、老年人和不能吞服固体制剂的患者。又因为可以溶液形式服用，奏效迅速，生物利用度高，而与液体制剂相比携带更方便。

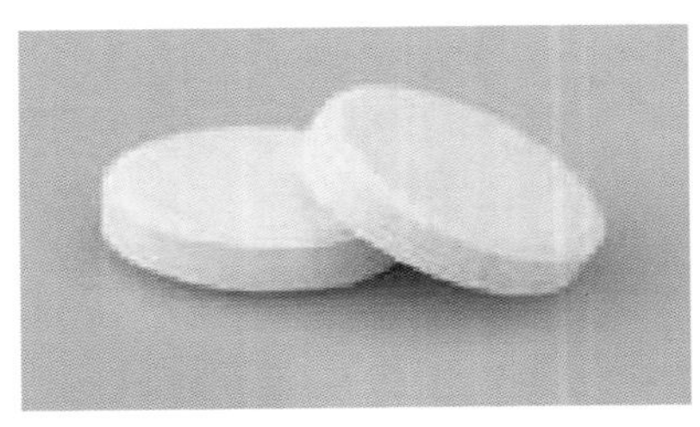

图 5–19　石斛泡腾片

石斛泡腾剂的组分包括石斛浸膏粉、崩解剂、润滑剂等，为了调节口味、颜色，还可以加入调味、调色剂，各成份及其配比按质量比一般为石斛浸膏粉 12%~18%，崩解剂包括酸剂 15%~30% 和碱剂 40%~60%，润滑剂 2%~5%，甜味剂 0~10%，芳香剂 0~5%，把经水提醇沉、喷雾干燥等工艺制得的石斛浸膏粉，采用直接粉末压片法将其与其他辅料一起制成石斛泡腾片，该泡腾片具有服用方便、生物利用度高、口感好、易被接受等特点。

四、胶囊剂

（一）硬胶囊

硬胶囊（hard capsule）系指将一定量的药材提取物加药粉或辅料制成均匀的粉末或颗粒，充填于空心胶囊中制成，或将药材粉末直接分装于空心胶囊中制成（图 5-20）。在现代中药制剂生产中，硬胶囊剂因工艺过程相对简单，又有服用方便、起效快并能有效地隔离药物的不良气味等优点，近年来得到了广泛的应用。

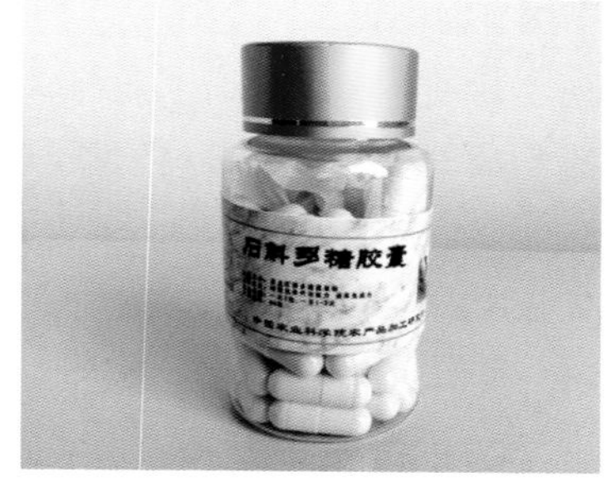

图 5-20　石斛硬胶囊

石斛胶囊具有抗氧化和增强免疫力的功能。将石斛粗粉经食用乙醇水溶液进行浸泡、提取、过滤、喷雾干燥得到石斛提取物粉，再与石斛粉按重量份数之比石斛粉 5~10 份，石斛提取物 1~5 份混匀，粉末粒度≥ 80 目，填装胶囊获得。使珍稀药材得到合理充分的利用，对中老年人和免疫力低下者等人群均具有良好的保健功效，对抗氧化（延缓衰老）、增强免疫力有显著功效。

石斛还可以与其他具有保健作用的保健食品复配使用以达到功能互补的目的。以金钗石斛洋参胶囊为例：将金钗石斛为主料，佐以西洋参配伍制备的保健胶囊，由金钗石斛 1~10 份，西洋参 1~2 份，破碎成小于 60 目的粉末混合而成。该保健胶囊将药食同源的补阴药与补气药有机结合，制成了效果很显著的保健品，具有滋阴生津、润肺养胃、调剂人体阴阳平衡之功效，能够气阴双补，同时，可有效缓解气虚、阴虚、气阴两虚所引起的一系列症状，对免疫力低下者和易疲劳者达到很好的保健功效。

（二）软胶囊

软胶囊属于胶囊剂的一种包装方式，常见于药品或保健食品。它是将液体药物或液果体药物经处理密封于软质囊材中而制成的一种胶囊剂。软质囊材是由胶囊用明胶、甘油或其他适宜的药用辅料单独或混合制成。

目前，已研究出了多种以石斛为主要成分的软胶囊，如具有降血脂功能的石斛茶叶籽油软胶囊，具有治疗腰膝酸软、肺热干咳等症状的石斛软胶囊。

五、冲剂

（一）石斛冻干粉

对于干燥热敏性制品和需要保持生物活性的物质，冷冻干燥是一种有效的方法。此法是将需要干燥的制品在低温下使其所含的水分冻结，然后放在真空的环境下干燥，让水分由固体状态直接升华为水蒸气并从制品中排出而使制品活性干燥。该方法有效地防止了制品理化及生物特性的改变，对生物组织和细胞结构和特征的损伤较小，有效保护了许多热敏性药物生物制品有效成分的稳定性。如蛋白质、微生物类不会发生变性和丢失其生物活性。其次，冻干制品在干燥后形态疏松、颜色基本不发生改变，加水后能够快速溶解并恢复原有水溶液的理化特性和生物活性。再次，由于干燥在真空条件下进行，对于一些易氧化的物质具有很好的保护作用。最后，制品经过冻干后水分含量非常低，使制品的稳定性提高，受污染的机会减少，这不仅方便了运输还延长了制品保存期限（图 5-21）。

石斛冻干粉的出现解决了种植与加工因地区不同而在运输过程中出现的鲜品腐败、有效物质损失，大大增加了原料利用率并且减少了运输过程中保鲜成本。

图 5-21　石斛冻干粉

（二）石斛超微粉

中药超微粉是利用国际领先的超微粉碎技术对中药实施细胞破壁加工而成的粉散剂。中药材中 80% 是以植物药为主的，植物类药材的有效植化成分多贮存在细胞内，超微粉碎技术（中药超微粉碎技术是指利用机械或流体动力将 3mm 以上物料颗粒粉碎至粒径为 30μm 以下的过程）可打破植物药材细胞壁，使细胞内的有效成分充分释放出来，从而提高药材的生物利用度，有利于人体对药物的吸收利用。超微粉碎技术被誉为中药饮片史上的一次具有里程碑意义的革命。

将超微粉技术应用到石斛的加工中，可大大提高石斛中有效成分的利用率，获得细胞中的活性物质，增加对石斛功能的开发。石斛超微粉制备的工艺为：先将新鲜的铁皮石斛置于臭氧水中浸泡 20~40min，然后用清水漂洗，漂洗完毕后将其晒干，然后将晾干的石斛通过真空冷冻粉碎，即获得质量稳定、复水性好、可长期在室温下储存的石斛超微粉。该方法提高了石斛内的有效物质含量，使其食用或药用的价值得到进一步增强，将石斛制成微米级粉剂，方便了食用或药用时细胞的吸收。

（三）石斛颗粒剂

颗粒剂是将药物与适宜的辅料配合而制成的颗粒状制剂，一般可分为可溶性颗粒剂、混悬型颗粒剂和泡腾性颗粒剂，若粒径在105~500μm，又称为细粒剂。其主要特点是可以直接吞服，也可以冲入水中饮入，应用和携带比较方便，溶出和吸收速度较快。

石斛颗粒剂是将纯中草药鲜石斛、田七、葛根，配以柠檬酸、蔗糖经水煮醇提法制成色香味俱全的颗粒状冲剂。该颗粒服用方便，具有滋阴养胃、清热解酒、生津止渴的功效，长期服用无毒副作用，水煮醇提法生产工艺条件易满足，便于生产过程中操作处理，利于保持制成品质量稳定，适于推广生产。

（四）石斛速溶粉

石斛速溶粉的制作采用二次制粒的方法，首先将新鲜石斛茎条切成1~5cm的小段，加入与石斛料液比为1：（10~40）的水，在60~80℃的温度下打浆，随后加入与浆料体积比为1：（5~50）的环糊精，在160~170℃下进行喷雾干燥，得到石斛粉，将90%的乙醇与石斛粉按料液比为1：1进行糅合，再采用挤压式造粒机造粒，最后将制粒在常温下通风干燥（图5-22）。

图5-22　石斛速浴粉

制得的石斛速溶粉有效含量为93%左右，在45℃的水温下搅拌，30s内即可溶解，溶液清澈透明。该石斛速溶粉的研发解决了普通石斛粉易黏附口腔和食道，同时还解决了石斛粉溶解性不好的缺点，这一新产品打开了石斛粉的市场，让石斛粉溶液获得更好的口感，但是由于造粒成本太高，使产品的推广有一定的局限性。

六、茶剂

（一）石斛花茶

石斛花中含有多种挥发油，具有挥发性，可以清新解郁，有助于舒缓精神紧张，保持头脑清醒，解除精神抑郁，安定烦躁情绪，因此尤其适合有精神性失眠、暑热不适、躁动不安、工作压力大等症状者，或作为日常养颜清心之用。

（二）石斛叶茶

石斛的叶片中同样含有石斛多糖、生物碱等功能性营养成分，含量相对于茎部较少。据检测，石斛中的多糖、石斛碱等功能性成分含量于石斛茎中最多，其次是叶和根，可将石斛叶经杀青、揉捻、烘干后制成石斛茶叶产品，石斛叶中的有效成分在良好的技术条件下可被最大限度的保留。石斛茶叶产品中含有的多糖等功能性成分经沸水冲泡多次后可大量溶出，饮用可被人体吸收，具有养阴退热、生津止咳、调理肠胃等功效，与以石斛茎为原料的其他石斛产品有相类似的功效，另外石斛茶叶类产品更有便于携带、方便服用等特点，将石斛叶加工后制成石斛茶叶产品，是对石斛资源的充分利用，避免资源浪费，添补了石斛茶叶产品的空白，同时还具有很好的经济效益。

具体制作方法为：将石斛鲜条切段与石斛叶一起进预热箱中预热，温度为 38.5~39.5℃，时间为 2~3h；之后进行搓揉，搓揉过程中 温度为 38~50℃，搓揉以不挤出石斛中的水分为宜，直至所搓揉的石斛均成为圆球状为止；再在 38.5~39.5℃的温箱中进行烘烤定型 6~7h，定型后装入磨果机进行打磨抛光，弃除尘末，分等级包装得保健茶成品。石斛保健茶，闻之有清香味，食之有一股沁人心脾的清香，是其他普通茶所没有的气息，饮后，茶能食，嚼之有黏稠感，具有其他茶所没有的特点。其价格适中，食用方便。保持了野生石斛原有的药物成分，药用效果好，有保健作用。该保健茶具有养阴清热、生津益胃之功效；成本低、效果好、配方合理、制备简单、易保存、四季皆宜、有病治病、无病保健、饮用非常方便、口感好；适用于热病伤津、口干烦渴、病后虚热、阴伤目暗、肺燥咳嗽、肠燥便秘等病症患者饮用，有很好的保健效果。

七、酒剂

（一）石斛保健酒

保健酒与药酒相比，虽然两者都是在酿造过程中加入了药材，但它们之间的区别是十分明显的（图 5–23）。保健酒属于“饮料酒”范畴，药酒属于“药”的范畴；保健酒主要用于调节生理机能，以保健、养生、健体为目的，满足消费者的嗜好。药酒主要用于治病，有其特定的医疗作用；药酒是适用于预防、诊断、治疗疾病的人群，规定有适应证、功能主治、用法和用量，一般不可乱用；是适用于预防、诊断生产管理部门不同保健酒由食品生产企业生产，由食品部门主管，产品质量不合格可以调整或回收。药酒由药厂生产，由药品管理部门主管，产品质量不合格只能报废；药酒的配方要经过严格的审批，要求有内在的以有效成分为指标的质量标准。保健酒配方一般不需要审批，很少规定检测其内在功效成分，但第三代保健酒要求有明确的功能因子；保健酒对年龄和性别没有特别严格的限制，主要使用对象是健康或亚健康人群。药酒有针对性较强的适用人群，使用对象是疾病患者，需要在医生的处方或在专业人士的指导下服用；保健酒

图 5–23　石斛保健酒

主要在酒店、商场、超市等一般商品销售场所销售。药酒主要在药店或医疗场所销售。一言以蔽之，健康的或亚健康的人喝保健酒，用于保健养生；患病的人喝药酒，用于治病。

如今已有不同功效的石斛保健酒被开发出来，例如以石斛、小麦、玉米为主要原料，经过蒸煮、糖化蒸馏等一系列加工工艺，使石斛中的有效成分被浸出，具有滋阴、明目、抗肿瘤、抗衰老等功效；另一种石斛酒是将石斛等材料放入到已经酿造完成的成品酒中，放置数月后经过滤，静置后得到石斛保健酒。

（二）石斛果味鸡尾酒

果味鸡尾酒不仅喝起来味美，而且是一种相当健康的饮品（图5-24）。加入的石斛提取液不仅可以减轻朗姆酒、伏特加、龙舌兰等烈酒中所含酒精对味觉的刺激，还使其具有抗氧化、抗衰老、调节情绪、健脾开胃、预防癌症、预防心脑血管疾病的作用。

图 5-24　石斛果味鸡尾酒

八、功能主食

稻米、小麦等谷物既是我国传统主食加工原料，也是现代方便休闲食品的主要原料。过去人们通常认为谷物主要用来满足人体热量的需求。但是，功能主食的概念颠覆了这一传统观点。

石斛大米，石斛面条等利用石斛提取物进行营养强化的功能主食在充分满足人体热量需要的同时，其中的功能成分也可以充分发挥作用，以实现其功能。

（一）石斛大米

在大米的淘洗过程中，大米中营养成分的流失会随淘洗次数的增加而增加，而在大米外增加一层保护膜，可有效防止营养成分的流失，而在蒸煮时，薄膜熔化，大米所吸附的营养便散在米饭中，根据此原理，人们研究出了涂膜法。

涂膜法是在米粒表面涂上数层黏稠物质，用这种方法生产的营养强化米，在淘洗时水溶性营养素损失比不涂膜减少一半以上。用石斛为材料生产功能强化米的工艺流程如图 5–25 所示。

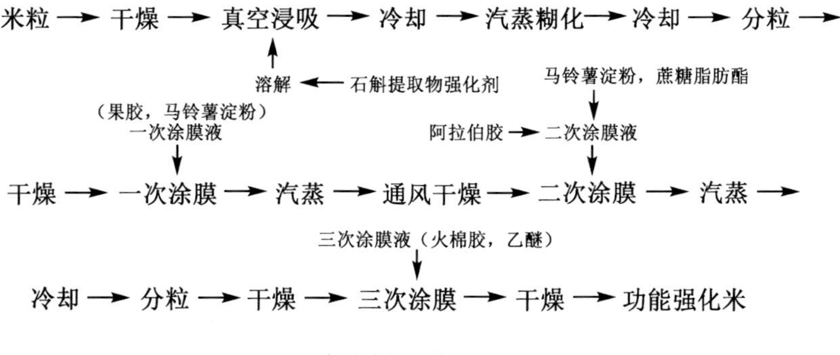

图 5–25　涂膜法制功能强化米工艺示意图

真空浸吸：先将石斛提取物按剂量要求称量，溶于 40kg 20℃热水中，大米预先干燥至水分为 7%，取 100kg 干燥后大米置于真空罐中，同时注入强化剂溶液，在 8×10^4Pa 真空度下搅拌 10min，米粒中空气被抽出后，各种营养素即被吸入内部。

汽蒸糊化与干燥：自真空罐中取出上述米粒，冷却后置于连续式蒸煮器中汽蒸 7min，再用冷空气冷却；使用分粒机使黏结在一起米粒分散，然后送入热风干燥机中，将米粒干燥至含水分 15%。

一次涂膜：将干燥后米粒置于分粒机中，与一次涂膜溶液共同搅拌混合，使溶液覆在米粒表面。一次涂膜溶液配方是：果胶 1.2kg、马铃薯淀粉3kg，溶于10kg 50℃热水中。一次涂膜后，将米粒自分粒机中取出，送入连续式蒸煮器中汽蒸3min，通风冷却。接着在热风干燥机内进行干燥，先以80℃热空气干燥30min，然后降温至60℃连续干燥45min。

二次涂膜：一次涂膜并干燥后，米粒再次置于分粒机中进行二次涂膜。二次涂膜方法是：先用1%阿拉伯胶溶液将米粒温润，再与含有1.5kg马铃薯淀粉及1kg蔗糖脂肪酸酯溶液混合浸吸，然后与一次涂膜工序相同，进行汽蒸、冷却、分粒、干燥。

三次涂膜：二次涂膜并干燥后，接着便进行三次涂膜。将米粒置于干燥器中，喷入火棉胶乙醚溶液10kg（火棉胶溶液与乙醚各半），干燥后即得功能营养强化米。

涂膜法中第一层涂膜可改善风味，并具有高度黏稠性。第三层涂膜除同样具有黏稠性外，更可防止老化，改善光泽，延长保藏期，也不易吸潮，且可降低营养素在贮藏及水洗时损失。

（二）石斛面条

将石斛粗提物按照一定比例添加在面粉中，可制成石斛面条，既可对面粉起到营养强化作用，使面条中所含的各种营养素更趋于平衡、合理，又可使面粉的蛋白质起到互补作用，石斛中的功能成分也可以更好地得到吸收，达到提高面条生物效价的目的。

1. 工艺流程

原料处理—配料—和粉—压延—切条成型—剪齐—烘干—切面—计量—包装。

2. 原料处理

选用优质石斛提取物为原料，将粉末粉碎至60目以下，放在洁净的容器中备用。

3. 配料

一般黑米粉每 100g 面粉添加 6~10g。如添加量过小，达不到营养强化的目的，添加量过多，会影响面条的筋力和拉伸强度，使面条断头率增加，表面光滑度下降。为了避免给面条的物理性能带来不良影响，确保产品质量，可添加 0.5% 的谷朊粉或 0.4% 的瓜尔胶等天然面条改良剂，以改善面团的工艺性能，提高面条品质。

4. 和面

和面的作用是在面粉中加入适量的水和配料。通过和粉机一定时间的搅拌使面粉与配料混合均匀一致，面粉中非水溶性蛋白质（麦胶蛋白和麦谷蛋白）吸水膨润，相互粘结，逐步形成具有弹性、韧性、延伸性、黏性和可塑性的面筋网络结构。在实际操作时，应着重掌握好水量与和面时间，一般回加量为 24% ~26%，加水量过少，面粉中的面筋蛋白和淀粉吸水不足，就不能形成良好的面筋网络结构，面团的工艺性能和挂面质量就会受到严重影响；加水量过多，不利于轧片，因为面团过于湿软，轧片时轧辊作用于面团的压力降低，面片的组织不紧密，上架与悬挂烘干时易断条，并消耗较多的烘干热能。和面时间的长短，对面团的工艺性能也有明显影响，和面时间过短，石斛粉等其他配料与面粉难以混合均匀，面粉中的蛋白质和淀粉来不及充分吸水膨胀，难以形成良好的面筋网络；和面时间过长，使面团温度升高，影响面筋的形成，较理想的和面时间为 15min 左右。石斛面条其他工序的操作要点与普通挂面基本相同。

（三）石斛馒头

由石斛提取物与小麦粉充分混合，利用石斛多糖含量高的特性达到调整面团口感，同时均衡营养，补充膳食纤维，并且有一定抗氧化、抗衰老的作用。

工艺流程：配料—和面—揉制—成型—醒发—齐整—冷却—包装

工艺参数：（1）温度：35℃；

（2）湿度：75%~78%；

（3）时间：35~40min；

（4）蒸气压：0.25~0.35MPa。

九、休闲食品

（一）石斛果冻

果冻是一种老少皆宜的休闲食品，以其独特的口感和风味受到大众的欢迎（图 5-26）。石斛果冻以石斛原汁作为主料，辅以调味剂、香精等辅料制作而成。起到良好的保健作用，具体加工过程如下：原果—捣烂—水 + 热—压榨—果汁① + 果渣—加水 + 热—压榨—果汁② + 果渣—工业酒精① + ②果汁混合 + 热处理 + 糖—果冻—装瓶，通过这一工艺过程，可获得酸甜可口、颜色诱人的石斛果冻。

图 5-26　石斛果冻

（二）石斛软糖

石斛富含胶质，非常适合做成果冻和软糖，天然成分的优势使其在制作过程中大大减少添加剂的使用。

（三）石斛酸奶

酸奶是以新鲜的牛奶为原料，经过巴氏杀菌后再向牛奶中添加有益菌（发酵剂），经发酵后，再冷却灌装的一种牛奶制品（图 5-27）。

图 5-27　石斛酸奶

目前市场上酸奶制品多以凝固型、搅拌型和添加各种果汁果酱等辅料的果味型为多。酸奶中添加石斛原汁不但保留了牛奶的所有优点，而且某些方面经加工过程还扬长避短，成为更加适合于人类的营养保健品。

第四节　副产物综合利用

石斛中含有的黏液质可滋养皮肤，减少色素沉着，较少皱纹生成，延缓皮肤衰老。石斛中可被食品利用的部分提取后的残留物若直接丢弃，易造成资源的浪费、环境污染等问题。一次提取后的石斛残留物中尚含大量的多糖成分，可继续被利用，制作成不同种类护肤品，提高副产物综合利用。

一、石斛浴液

浴液是以清洁剂和起泡剂为主，辅以其他助剂和添加剂制成的具有滋润皮肤、去除污垢、改善人体气味等作用的清洁产品。是人们日常生活中最常用、消耗量最大的一类日用品，目前，市场上的主流产品多为名牌产品，且成分大都为化学物质，长时间使用化学物质清洁皮肤，会损毁皮肤的天然保护膜，而开发一种天然纯植物的浴液迫在眉睫。经过长时间的研究发现，将石斛作为原料生产一种石斛浴液，避免了大量使用化学合成物质对身体的为害，同时利用石斛中的多糖和多酚杀死皮肤表层细菌达到清洁身体的目的，制作流程为：

制料—消毒—配料—搅拌混合配制—冷却—静置—灌装—包装。

具体工艺参数：

加热温度：50℃；

出料温度：30~40℃；

混合时间：4h。

二、石斛香皂

植物香皂的开发丰富了香皂市场，该产品以其香味独特、对皮肤伤害小、颜色新颖、具有特殊功能等特点受到消费者的欢迎。

三、石斛洗面奶

洗面奶是一种高级洗脸剂。品质优良的洗面奶应该具有清洁、营养、保护皮肤的功效。将石斛提取物加入到洗面奶中，使洗面奶能更加滋润皮肤、减少对皮肤的刺激，达到深层清洁的目的。图 5-28 为石斛洗面奶的制作工艺流程。

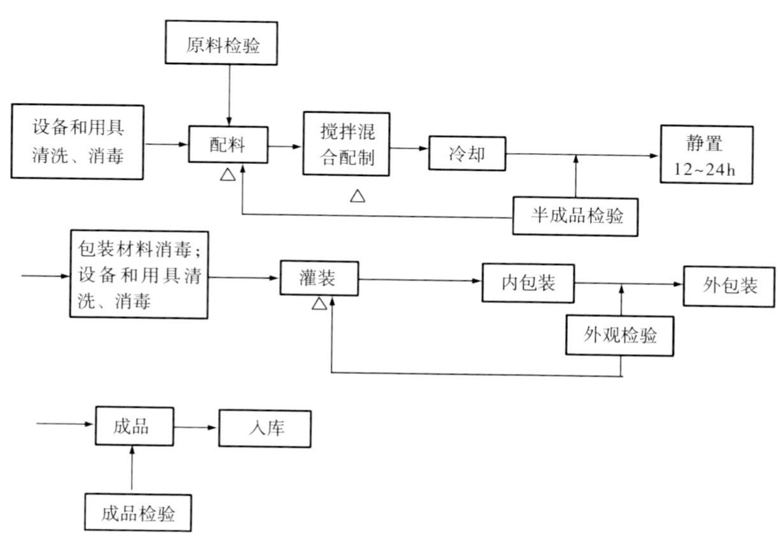

图 5-28　洗面奶制作工艺流程图

四、石斛凝胶

石斛富含胶质，非常适合做成洁面凝胶，凝胶具有晒后修复、保湿、补水等功能，适合都市人群日常护肤使用（图 5-29）。

图 5-29　石斛凝胶、眼霜

五、石斛爽肤水

爽肤水是指 pH 值接近于 7 的较温和的化妆水。

主要生产流程为：石斛过 60 目筛后提取，浓缩时利用减压浓缩工艺维持真空度 -0.08MPa，温度为 55~60℃，获得料液相对密度达到 1.20~1.25 的浸膏。将浸膏加进配制罐，称取处方量的尼泊金乙酯、薄荷脑、冰片、丙二醇、氮酮加入乙醇中与浸膏搅拌均匀，得混合药液；取处方量的乙二胺四乙酸二钠盐，加水溶解后，加入卡波姆，搅匀，静止。与药液混合加入甘油，得半成品。

从石斛茎的肉汁部分所得的液汁（经提纯加工），含有黄酮、多糖、氨基酸等营养成分，可用于化妆品，具有保湿、防晒、防臭、消炎、止痒等功能。

六、石斛润肤霜

润肤霜，迅速补充肌肤所需水分，令肌肤饱满，从而防止细纹和干纹的出现，有效舒缓镇定缺水干燥的肌肤。帮助皮肤保持滋润，维持皮肤理想水分平衡，令肌肤柔嫩光滑。

石斛润肤霜的主要工艺过程为：水相原料 + 油相原料—混合搅拌—预乳化—均质—搅拌—冷却—出料—过秤—静置储存—灌装。石斛润肤霜具有保湿、抗皱、止痒、美白等功能。

七、石斛面膜

面膜是美容保养品的一种载体，敷贴在脸上 15~30min，当保养品的养分缓缓被皮肤吸收后，即卸下来的膜，面膜的材质有粉末调和的、高岭土、无纺布及蚕丝面膜，目前最高科技、载体细致、容易被皮肤吸收的是蚕丝面膜，一般活性成分为 2.5%~22%（图 5-30）。

图 5-30　石斛面膜

由石斛和成膜物等物质制作的石斛面膜具有抗衰老、抗氧化的作用，石斛面膜在脸上将皮肤与外界空气隔开，使面部温度、湿度上升，加速血液循环，扩张毛孔和汗腺，抑制水分蒸发，促进皮肤对皮膜中营养成分的吸收；经常使用对轻度色素沉着、暗疮、皱纹等常见皮肤问题有一定疗效。

第五节　石斛功能性成分深加工

一、石斛中的功能性成分与产品的适应性

（一）多糖类成分与产品的适应性

多糖是自然界广泛存在的一类生物大分子，是继蛋白质和核酸之后的又一类生物信息大分子。糖类作为生命物质的重要组成成分之一，不仅广泛参与各种生命活动，而且还具有提高机体免疫力、抗肿瘤、抗病毒、抗衰老、降血糖及降血脂等作用。近年来，研究人员从生物体内提取了多种活性多糖，发现它们大多无毒，可作为药物和保健食品基料，越来越多的生物活性多糖已被应用于临床。石斛是我国名贵中草药，具有生津滋阴、明目养胃、补肾强身等功效。据文献报道，石斛属植物中的主要药效成分为多糖、生物碱、糖苷、菲类、联苄类和氨基酸等。多糖在石斛中的含量高，且具有良好的抗肿瘤、抗氧化和增强免疫力等作用。

（二）生物碱类成分与产品的适应性

生物碱是存在于自然界（主要为植物，但有的也存在于动物）中的一类含氮的碱性有机化合物，有似碱的性质，所以过去又称为赝碱。大多数有复杂的环状结构，氮素多包含在环内，有显著的生物活性，是中草药中重要的有效成分之一。具有光学活性。有些不含碱性而来源于植物的含氮有机化合物，有明显的生物活性，故仍包括在生物碱的范围内。而有些来源于天然的含氮有机化合物，如某些维生素、氨基酸、肽类，习惯上又不属于“生物碱”。生物碱是石斛重要的有效化学成分之一，研究表明，石斛总生物碱具有抗肿瘤、抑制心血管和胃肠道疾病的作用，且能止痛退热。前期研究表明，石斛生物碱具有良好的抗白内障作用。 据分析，石斛含有多种生物碱 ，如石斛碱、石斛胺、石斛次碱等。

二、功能性成分的提取工艺

石斛中主要含有多糖、生物碱、黄酮、香豆素等类型的成分，其中生物碱、黄酮等成分易溶于乙醇中，而多糖类成分易溶于水，采用醇水双提的方法可以较为完全地提取出不同性质的成分，所得总提取物为保健食品和化妆品的原料。

（一）多糖的提取工艺

石斛多糖分子量为 1 万 ~30 万，多糖含量不低于 25%。石斛多糖提取物具有增强免疫力的作用，因而用于辅助治疗免疫力低下引起的疾病。可显著增强机体免疫力，无毒副作用，且制备简单，便于操作与工业化生产。

1. 工艺流程

石斛鲜料—脱脂—提取—醇沉—除蛋白—除单糖寡糖—凝胶柱纯化。

2. 工艺参数

提取工艺，铁皮石斛与水按照每克铁皮石斛 51~52ml 水的液料比混合于 92.5~93℃的温度下提取 2.5~2.6h，得铁皮石斛多糖提取液。

（二）总生物碱的富集工艺

生物碱是存在于自然界（主要为植物，但有的也存在于动物）中的一类含氮的碱性有机化合物，有似碱的性质，所以过去又称为赝碱。大多数有复杂的环状结构，氮素多包含在环内，有显著的生物活性，是中草药中重要的有效成分之一，具有光学活性。有些不含碱性而来源于植物的含氮有机化合物，有明显的生物活性，故仍包括在生物碱的范围内。而有些来源于天然的含氮有机化合物，如某些维生素、氨基酸、肽类，习惯上又不属于“生物碱”（图 5-31）。

图 5-31　生物碱

1. 工艺流程

石斛—提取液—调整 pH 值—滤过—阳离子交换树脂—加碱中和—脱盐处理—浓缩干燥。

2. 工艺参数

（1）pH 值：7；

（2）提取温度：80℃；

（3）洗脱酸浓度：15%。

三、成分分析技术

（一）多糖的成分分析

多糖成分的分析可以采用凝胶柱色谱分析法，经过凝胶渗透柱色谱纯化，由标准物质与相关参数求得标准曲线，再由标准曲线求得多糖的相对分子质量[7]。

也可以采用 HPLC 分析石斛中多糖的成分，首先将多糖进行衍生化，再用 HPLC 测定单糖的组成，经过调整流动相的组成及比例，获得较好的峰型，在与标准物质进行比较，便可分析出多糖中单糖成分[8]。

（二）生物碱的成分分析

石斛中生物碱的成分分析可采用气相色谱进行分析，根据石斛生物碱的峰面积等参数对应找出的标准品的峰面积等参数，便可知道具体成分。

也可采用高效液相手段进行分析，改变条件参数，将石斛生物碱的指示峰分开，将标准品按该条件进样，获得标准品的图谱，将两者进行对照，便可得知石斛生物碱的具体成分。

参考文献

[1] 包雪声，顺庆生等 . 石斛类药材枫斗 . 中药材，1999，22（10）：541.

[2] 清・赵学敏 . 本草纲目拾遗 . 上册 . 卷三 . 上海：商务印书馆，1954：85.

[3] 杨福清等 . 文山风物 . 昆明：云南美术出版社，1997：165.

[4] 陈村仁 . 中国药物标本图影 . 上海：商务印书馆，1935：137.

[5] 金乐红，刘传飞，唐婷等 . 石斛多糖抗肿瘤作用的实验研究 [J]. 中国药学杂志，2010（22）：1 734–1 737.

[6]L.Xia，X.Liu，H.Guo，et al. Partial characterization and immunomodulatory activity of polysaccharides form the stem of Dendrobium officinale（Tiepishihu）in vitro，Journal of Functional Foods，2012，4（1）：294–301，2012.

[7] 华允芬，陈云龙，张铭 . 三种药用石斛多糖成分的比较研究 . 浙江大学学报，2004，38（2）：249–252.

[8] 周桂芬，吕圭源 . 柱前衍生化 HPLC 分析不同来源、不同生长年限铁皮石斛多糖的组成和含量 . 中国药学杂志，2014，46（8）：626–629.

第六章　石斛加工质量安全控制

第一节　质量安全控制的操作规范

一、中药材生产质量管理规范（GAP）

生产企业应按石斛产地适宜性优化原则，因地制宜，合理布局。空气应符合大气环境质量二级标准；土壤应符合土壤质量二级标准；灌溉水应符合农田灌溉水质量标准，应准确鉴定其物种，包括亚种、变种或品种，记录其中文名及学名。种子和繁殖材料在生产、储运过程中应实行检验和检疫制度以保证质量和防止病虫害及杂草的传播。野生或半野生药用动植物的采集应坚持“最大持续产量”原则，应有计划地进行野生抚育、轮采与封育，以利生物的繁衍与资源的更新。根据产品质量及植物单位面积产量，并参考传统采收经验等因素确定

适宜的采收时间和方法。药用部分采收后，经过拣选、清洗、切制或修整等适宜的加工，需干燥的应采用适宜的方法和技术迅速干燥，并控制温度和湿度，使石斛不受污染，有效成分不被破坏。尽可能不使用保鲜剂和防腐剂。如必须使用时，应符合国家对食品添加剂的有关规定。所有原始记录、生产计划及执行情况、合同及协议书等均应存档，至少保存 5 年。档案资料应有专人保管。

二、保健食品良好生产规范（GMP）

工厂各部门应按本规范内容制定相应的卫生制度，由品质管理部门审核并监督执行。品质管理部门制定检查方案并负责实施。每日由班组卫生管理人员对本岗位的卫生制度执行情况进行检查。品质管理部门组织相关的卫生管理人员，对生产过程中产生的污水、污物要加强管理，并进行无害化处理，不得污染周围环境。

所有食品生产作业应符合安全卫生的原则，并尽可能减少微生物生长及食品受到污染。应严格控制时间、温度、水活性、pH 值、压力、流速等物理条件，确保冷冻、脱水、热处理、酸化及冷藏等工艺按规程进行。因故而延缓生产时，对已调配好的半成品应及时作有效处理，防止污染或腐败变质，恢复生产时，应对其进行检验，不符合标准的应予以废弃。半成品的储存，应严格控制温度和时间，配制好的半成品应立即使用，常温下保存不应超过 4h。配料应有复核，防止投料种类和数量有误。灌装饮料前的空瓶、瓶盖均应清洗干净。

应找出各类饮料加工过程中的关键控制点，并制定检验项目、检验标准、抽样及检验方法，实施原料洗涤用水的余氯应定时检测，并做好记录。热烫及过氧化物酶灭活的温度、时间应定时核查，并做好记录。应检查设备、工器具、容器在使用前是否保持清洁、适用状态。

三、卫生标准操作程序（SSOP）

SSOP（Sanitation Standard Operation Procedures）是卫生标准操作程序的简称。是食品企业为了满足食品安全的要求，在卫生环境和加工要求等方面所需实施的具体程序，是食品企业明确在食品生产中如何做到清洗、消毒、卫生保持的指导性文件。美国 21 CFR part 110 GMP 中指出："在不适合生产食品条件下或在不卫生条件下加工的食品为掺假食品（adulterated）这样的食品不适于人类食用"。由于我国食品生产企业目前以中小型企业为主，石斛加工企业也有很多小（微）型企业，面对目前食品生产企业的复杂情况，SSOP 成为一种可以很好地规范企业生产的方式。不论从人体健康的角度，还是从国际贸易的角度来看石斛加工企业实行 SSOP 都是必要的。每日生产结束后，所有使用过的设备、管道及各种生产用具均应进行清洗消毒。已清洗消毒的机器设备及各种生产用具应妥善保管，避免再次污染。生产设备、排水系统，废水、废汽排放系统和其他机械设施，必须保持良好状态，并定期进行拆除检修。混合机、灌注机、管道阀门、过滤器应定期拆除清洗。每日生产结束后，糖液过滤机、榨汁机等均应拆除清洗。过滤器应定期更换滤膜、滤棒、滤芯等。封盖机于生产结束后应彻底清洗轧头、卷轮、托罐盘等易受饮料污染的部位。

工厂应由品质管理部门制定《质量管理手册》，生产用水水质除应有主管部门定期检验外，工厂应定期自检加工中的品质管理。进入车间前，必须穿戴整洁的工作服、工作帽、工作靴（鞋），工作服应遮住外衣，头发不外露，并洗手消毒。上岗后，若处理被污染的物品或从事与生产无关的活动，应重新洗手消毒，必要时更换工作服方能重新上岗，不得穿工作服、工作靴（鞋）进入厕所或离开车间。严禁在车间内吸烟、吃食物及从事其他有碍食品卫生的活动。进入加工车间的其他人员均应遵守上述规定。生产经营人员每年必须进行健康检

查，新参加工作和临时参加工作的生产经营人员必须进行体检，取得健康证明后方可参加工作。患有痢疾、伤寒、病毒性肝炎等消化道传染病（包括病原携带者）、活动性肺结核、化脓性或者渗出性皮肤病以及其他有碍食品卫生的疾病的人群，不得从事饮料生产工作。

四、危害分析与关键控制点（HACCP）

HACCP 确保食品在消费的生产、加工、制造、准备和食用等过程中的安全，在为害识别、评价和控制方面是一种科学、合理和系统的方法。识别食品生产过程中可能发生的环节并采取适当的控制措施防止为害的发生。通过对加工过程的每一步进行监视和控制，从而降低为害发生的概率。HACCP 实施的意义在于预防，在食品为害发生前的生产过程中予以控制。

对于食品生产企业而言，HACCP 需要针对不同的生产过程予以制定，企业应组织 HACCP 制定监督委员会，根据自身情况制定相应的关键控制点。并且通过 HACCP 认证。

GMP 与 SSOP 是 HACCP 的基础性规范，只有在卫生达标、操作规范良好的基础上对生产关键点的控制以及对为害的分析才是有意义的，相应的仅仅有 GMP 与 SSOP 也是不够的，必须通过对各个关键点的分析控制才能最终保证产品的质量。

第二节　石斛质量标准

一、石斛药材质量标准

石斛枫斗为兰科石斛属植物（Dendrobium）新鲜或干燥茎的总称，全年均可采收，鲜用者采收后除去根及泥沙；干用者采收后，除去杂质，用开水略烫或烘软，再边搓边烘晒，至叶鞘搓净，干燥。

鉴别石斛枫斗需要通过以下几种方法。

（一）通过形状鉴别

石斛枫斗特点如下：基部呈圆柱形，中部及上部呈扁圆柱形，茎节微向左右弯曲，上部略呈“之”字形，长 20~40cm，直径 0.3~0.6cm，节间长 2.5~3cm，向上渐短，有时节部稍膨大；表面金黄色或黄中带绿色，有光泽，有深纵沟。质硬而脆，体轻而质致密，易折断，断面较平坦，类白色，散布有色的小点。气微，味苦，嚼之带黏性。

石斛枫斗呈螺旋形或弹簧状，一般为 2~4 个旋纹，茎拉直后长 3.5~8cm，直径 0.2~0.3cm。表面黄绿色，有细纵皱纹，一端可见茎基部留下的短须根。质坚实，易折断，断面平坦。嚼之有黏性。

1. 鉴别

（1）茎横切面表皮细胞 1 列，扁平，外被鲜黄色角质层。基本组织细胞大小悬殊，有壁孔，散在多数外韧型维管束，略排成 7~8 圈。维管束外侧纤维束新月形或半圆形，其外侧薄壁细胞有的含类圆形硅质块，木质部有 1~3 个导管，直径较大。含草酸钙针晶细胞多见于维管束旁。

（2）取本品粉末（过四号筛）2 g，加 5 ml 氨水浸润 30 min，加氯仿 20 ml，超声处理 30 min，过滤，取滤液，作为供试品溶液。另取石解碱对照品加氯仿制成每毫升含 0.1 mg 的溶液，作为对照品溶液。照薄层色谱法（《中国药典》2010 年版一部附录，VI B）试验，吸取上述对照品溶液 1 μl，供试品溶液 5 μl，分别点于同一以羧甲基纤维素钠为黏合剂的硅胶 G 薄层板上，以二氯甲烷 – 甲醇（30：1 氨蒸汽饱和）为展开剂，展开，取出，晾干，喷以改良碘化铋钾—碘—碘化钾溶液。供试品色谱中在与对照品色谱相应的位置上，显相同的橙红色斑点。

2.检查

（1）水分按照水分测定法（《中国药典》2010 年版一部附录 IXH 第一法）测定，不得过 9.0%。

（2）总灰分按照总灰分测定法（《中国药典》2010 年版一部附录 IX K）测定，不得过 5.0%。

（3）酸不溶性灰分按照酸不溶性灰分测定法（《中国药典》2010 年版一部附录 IX K）测定，不得过 1.0%。

（4）重金属及有害元素按照铅镉砷汞铜测定法（《中国药典》2010 年版附录 IX B 原子吸收分光光度法或附录 IX D 电感偶合等离子体质谱法）测定，铅不得过百万分之五；镉不得过千万分之三；砷不得过百万分之二；汞不得过千万分之二；铜不得过百万分之二十。

（5）有机氯农药残留量照农药残留量测定法（《中国药典》2010 年版附录 IX Q 有机氯农药残留量测定），六六六（总 BHC）不得超过千万分之二，滴滴涕（总 DDT）不得超过千万分之二；五氯硝基苯（PCNB）不得超过千万分之一。

（二）通过含量鉴别

1.石斛多糖

（1）石斛多糖的制备：取石斛药材粉末 35.00g，置圆底烧瓶中，加石油醚（60 ~90 ℃）500ml，加热回流提取 lh，过滤，挥干溶剂，滤渣以 80% 乙醇 500ml 回流提取 2 次，趁热过滤，挥干溶剂，滤渣置圆底烧瓶中，加蒸馏水 500ml 回流提取 2 次，每次 1.5h，趁热过滤，减压浓缩至 60ml，加入 95% 乙醇使溶液含醇量为 80%，静置过夜，过滤，分出沉淀物，为石斛粗多糖。将粗多糖溶液经 Sevage 法脱蛋白，透析法除盐及小分子杂质。再次醇沉，沉淀物依次用无水乙醇、丙酮、乙醚洗涤 5 次，每次 10ml。所得石斛多糖为白色粉末。

（2）换算因子的测定：精密称取 60 ℃干燥至恒重的石斛多糖

10mg，加蒸馏水制成每毫升含有石解多糖 0.02mg 的溶液，作为多糖储备液。精密吸取储备液 2ml，按标准曲线项下的方法测定吸收度，从回归方程中求得供试液中葡萄糖的含量，按下式计算换算因子：

F=W/C

其中 W 为实际总多糖量，C 为测得的多糖溶液中葡萄糖的含量。

（3）对照品溶液的制备：精密称取 105 ℃干燥至恒重的无水葡萄糖对照品适量，加水制成每毫升含葡萄糖 0.1 mg 的溶液，即得。

（4）标准曲线的制备：精密量取葡萄糖标准液 0.1ml、0.2ml、0.4ml、0.6ml、0.8ml、1.0ml，置于具塞试管中，分别加蒸馏水至 2.0ml，再加 5% 苯酚溶液 1.0ml，摇匀，迅速滴加浓硫酸 5.0ml，盖好塞子，迅速摇匀，放置 5min，置水浴中加热 15min，取出，冰水浴迅速冷却至室温。以蒸馏水为空白，按照紫外—可见分光光度法（《中国药典》2010 年版一部附录Ⅴ A）在 487.0nm 处测定吸光度。以吸光度为纵坐标，葡萄糖的浓度为横坐标，绘制标准曲线。

（5）测定法：取样品粉末（过四号筛）0.5 g，精密称定，加 80% 乙醇 100ml 回流提取 1 h，趁热过滤，滤渣用 80% 热乙醇 10ml 洗涤 3 次，再用 100ml 蒸馏水回流提取 3 次，每次 1 h，趁热过滤，用热水洗涤滤渣和烧瓶，合并滤液和洗液，放冷，转移至 500ml 量瓶中，加蒸馏水至刻度，摇匀。精密量取 0.5ml，按照标准曲线制备项下的方法，自“加蒸馏水至 2.0ml”起，依法测定吸光度，从标准曲线上读出供试品溶液中含无水葡萄糖的重量（mg），计算石解多糖含量。

本品按干燥品计算，含石解多糖以无水葡萄糖（$C_6H_{12}O_6$）计，不得少于 4.5%。

2. 总生物碱

（1）对照品溶液的制备：精密称取石解碱对照品 10mg，加氯仿制成每毫升含石解碱 0.01mg 的溶液，即得。

（2）标准曲线的制备：精密量取石解碱标准液 1.0ml、2.0ml、

3.0ml、4.0ml、5.0ml，置于分液漏斗中，分别用氯仿稀释至10.0ml，再加pH值4.5缓冲液5.0ml和0.04%溴钾酚绿溶液1.0ml，剧烈振摇3min，静置30min，取氯仿层。另取氯仿同样操作，作为空白对照。按照紫外—可见分光光度法（《中国药典》2010年版一部附录VA）在410.0nm处测定吸光度。以吸光度为纵坐标，石解碱的浓度为横坐标，绘制标准曲线。

（3）测定法：取样品粉末（过80目筛）0.5g，精密称定，用2ml氨水浸润，密塞放置30min。精密加入氯仿10ml，称重，置水浴中加热回流2h，冷却后称重，补足减失重量，过滤。精密量取续滤液lml，置于50ml量瓶中，用氯仿稀释至刻度。精密量取10ml，按照标准曲线制备项下的方法，自"再加pH值4.5缓冲液5.0ml"起，依法测定吸光度，从标准曲线上读出供试品溶液中含石解碱的重量（mg），计算，即得。

本品按干燥品计算，含总生物碱以石解碱（$C_{16}H_{25}NO_2$）计，不得少于0.15%。

二、保健食品的质量标准

（一）饮料

保健食品的质量标准参见表6-1至表6-4。

表6-1　感官要求

项目	要求	检验方法
色泽	具有应有的色泽	取约50ml混合均匀的被检样品于无色透明、洁净、干燥的100ml烧杯中，置于明亮处，迎光观察其色泽、组织形态、杂质；在室温下，嗅其气味，品尝其滋味
滋、气味	具有应用的滋、气味，无异味	
组织形态	呈均匀液状，允许有少量天然植物沉淀	
杂质	无肉眼可见的外来杂质	

表 6-2　理化指标

项目		指标	检验方法
可溶性固形物（20℃），mg/L	≥	6.0	GB/T 12134

表 6-3　微生物指标

项目		指标	检验方法
菌落总数（cfu/ml）	≤	100	GB 4789.2
大肠杆菌（MPN/ml）	≤	0.03	GB 4789.3
霉菌和酵母（cfu/ml）	≤	20	GB 4789.15

表 6-4　铅含量指标

项目	指标	检验方法
饮料中铅含量（mg/ml）	0.3	GB 5009.12

（二）片剂

1. 片剂

外观应完整光洁，色泽均匀，应有适宜的硬度，以免在包装贮存过程中发生碎片；糖衣或薄膜片，应无龟裂斑点。

2. 重量差异限度

0.3g 以下 ±7.5%，0.3g 或 0.3g 以上 ±5%。取药片 20 片，精密称定重量，求得平均片重后，再分别称定各片的重量，每片重量与平均片重相比较，超出重量差异限度的药片不得多于 2 片，并不得有一片超出重量限度的一倍。糖衣片与肠溶衣片，在包装前应检查片芯的重量差异，符合重量差异规定后，方可包衣，包衣后不再检查重量差异。

3. 崩解时限

以 37℃水温为标准，原粉片在 15min 内全部溶解；如产生崩解迟缓，一是浸膏片的颗粒压成片剂硬度大，二是黏合剂太多或黏性太强，三是片机压力太大等原因而致片剂过于坚硬。

4. 含菌限度

原粉片及半浸膏片，每克含杂菌总数不得超过 10 000 个，霉菌素不得超过 500 个。浸膏片每克含杂菌总数不得超过 1 000 个，霉菌数不得超过 100 个。所有片剂都不得检出致病菌。

5. 片剂包装

按片剂分装在玻璃瓶、玻璃管或塑袋铝铂薄膜包装中密闭、干燥、通风。

（三）胶囊剂

1. 胶囊剂

应整洁，不得有粘结、变形或破裂现象，并应无异臭。硬胶囊剂的内容物应干燥、松散、混合均匀。胶囊剂应密封贮藏。

2. 水分

硬胶囊剂的内容物照水分测定法测定。除另有规定外，不得超过 9.0%。

3. 装量差异

取供试品 10 粒，分别精密称定重量，倾出内容物（不得损失囊壳），硬胶囊剂囊壳用小刷或其他适宜的用具拭净。软胶囊剂囊壳用乙醚等溶剂洗净，置通风处使溶剂挥尽，分别精密称定囊壳重量，求出每粒内容物的装量。每粒装量与标示装量相比较（有含量测定项的或无标示装量的胶囊剂与平均装量相比较），应在 ±10.0%以内，超出装量差异限度的不得多于 2 粒，并不得有 1 粒超出限度一倍。

4. 崩解时限

硬胶囊剂或软胶囊剂，除另有规定外，取供试品 6 粒，分别置上述吊篮的玻璃管中，照上述装置与方法（软胶囊剂或漂浮在液面的硬胶囊剂可加挡板）检查。硬胶囊剂应在 30min 内、软胶囊剂应在 1h 内全部崩解并通过筛网（囊壳碎片除外）。如有 1 粒不能完全崩解，应另取 6 粒复试，均应符合规定。

肠溶胶囊剂，除另有规定外，取供试品 6 粒，按上述装置与方法（漂浮在液面的胶囊剂可加挡板）检查。先在盐酸溶液（9 → 1000）中检查 2h，每粒的囊壳均不得有裂缝或崩解现象；继将吊篮取出，用少量水洗涤后，每管各加挡板一块，再按上述方法在磷酸盐缓冲液（pH 值为 6.8）中进行检查，1h 内应全部崩解并通过筛网（囊壳碎片除外）。如有 1 粒不能完全崩解，应另取 6 粒复试，均应符合规定。

（四）颗粒剂

1. 外观

颗粒剂应干燥、颗粒均匀、色泽一致，无吸潮、软化、结块、潮解等现象。

2. 粒度

除另有规定外，取单剂量包装的颗粒剂 5 袋（瓶）或多剂量包装颗粒剂 1 包（瓶），称定重量，置药筛内过筛。过筛时，将筛保待水平状态，左右往返轻轻筛动 3min。不能通过一号筛和能通过四号筛的颗粒和粉末总和，不得超过 8.0%。

3. 水分

（1）颗粒剂，取供试品，照水分测定法（药典附录Ⅸ H）测定。除另有规定外，不得超过 5.0%。

（2）块形冲剂，取供试品，破碎成直径 3mm 的颗粒，照水分测定法（药典附录Ⅸ H）测定。除另有规定外，不得超过 3.0%。

4. 溶化性

取供试品（颗粒剂 10g；块形冲剂 1 块，称定重量），加热水 20 倍，搅拌 5min，可溶性颗粒剂应全部溶化，允许有轻微浑浊；混悬性颗粒剂应能混悬均匀，并均不得有焦屑等异物；泡腾性颗粒剂遇水时应立即产生二氧化碳气体，并呈泡腾状。

5. 卫生标准

颗粒剂每克不得检出大肠杆菌、致病菌、活螨及螨卵；不含药材原粉颗粒剂细菌不得超过 1 000 个 /g，霉菌不得超过 100 个 /g；含药材原粉的颗粒剂细菌数不得超过 10 000 个 /g，霉菌数不得超过 5 000 个 /g。其检查方法按卫生部《药品卫生检验方法》检查。

（五）茶剂

药材应粉碎成粗粉或切成片、块、段、丝，混合均匀。凡喷洒药材提取液的，应喷洒均匀。一般应在 80℃以下进行干燥；含挥发性成分较多的应在 60℃以下进行干燥，不宜加热干燥的应阴干或用其他适宜方法进行干燥。茶叶和茶袋应符合饮用茶有关标准的要求。一般应密闭贮藏；含挥发性及易吸潮药物的茶剂应密封贮藏。外观性状应洁净，色泽一致，气清香，味纯正。

1. 水分

茶块：取供试品，粉碎，照水分测定法测定。除另有规定外，不得超过 12.0%。袋装茶：取供试品照水分测定法测定。除另有规定外，不得超过 12.0%。

2. 重量差异

取供试品 10 块（袋、包），分别称定每块（袋、包）内容物的重量，将每块（袋、包）的重量与标示重量相比较，不得超出 ± 5%。

3. 溶化性

含糖块状茶剂应全部溶化，可有轻微浑浊，不得有焦屑。

（六）酒剂

酒剂应澄清，但在贮藏期间允许有少量轻摇易散的沉淀。酒剂要求具有一定的 pH 值、含醇量和总固体量。

1. 装量检查

酒剂系多剂量包装，照最低装量检查法标准操作规范检查，应符合规定。

2. 微生物限度

照微生物限度检查法标准操作规范检查，细菌数每 1ml 不得超过 500cfu，霉菌和酵母菌数每毫升不得超过 100cfu，其他应符合规定。

3. 甲醇量

酒剂应澄清，但在贮藏期间允许有少量轻摇易散的沉菌，100 个（1ml）甲醇不得超过 0.05%（ml/ml）。

（七）功能主食

石斛面条主要技术指标

1. 感官指标

（1）色泽：表面呈灰黑色。

（2）外观：表面光滑，无粗糙感。

（3）气味：气味正常，无霉味、酸味及其他异味。

（4）口感：光滑细腻，不粘牙，柔软爽口，具有黑米的天然风味。

2. 理化指标

水分为 12.5%~14.5%；脂肪酸值（湿基）≤ 80；自然断条率≤ 10%；灰分≤ 10%。

3. 卫生指标

酸价（以脂肪含量计）≤ 5；砷（以 As 计）<0.5mg/kg；铅（以 Pb 计）<0.5mg/kg；细菌总数 <750 个 /g；致病菌不得检出。

三、休闲食品

（一）石斛果冻

1. 感官要求

石斛果冻应成透明淡黄色，有淡淡石斛清香。果冻成凝胶状，脱离包装容器后，基本保持原有的形态，组织柔软适中；并添加有果肉。凝胶内无其他杂质。

2. 理化指标

可溶性固形物含量≥ 15%，SO_2 残留≤ 100mg/kg。

3. 卫生指标

菌落总数≤ 100cfu/g，大肠菌群≤ 30 cfu/g，致病菌不得检出，霉菌与酵母不得大于 20cfu/g。

（二）石斛软糖

1. 感官指标

石斛软糖应具有靓丽色泽，块型完整，表面光滑，边缘整齐且大小一致，无缺角裂缝变形粘连，且组织有弹性和咀嚼性。无肉眼和可见杂质。

2. 理化指标

还原糖含量≥ 10g/100g。

3. 卫生指标

符合 GB 9678.1 规定。

表 6-5　重金属含量指标

项目		指标
铅（Pb）/（mg/kg）	≤	1
总砷（以 As 计）/（mg/kg）	≤	0.5

续表

项目		指标
铜（Cu）/（mg/kg）	≤	10
二氧化硫残留量		按 GB 2760

（三）石斛酸奶

1. 感官指标

石斛酸奶应呈均一的乳白色或嫩黄色，有牛奶的滋味和气味，同时应具有石斛清香，组织细腻均匀，允许有少量乳清析出。

2. 理化指标

脂肪含量≥ 2.5%，蛋白质含量≥ 2.3%，非乳固体≥ 6.5%，酸度≥ 70，苯甲酸含量≤ 0.03，山梨酸不得添加，硝酸盐含量≤ 11.0mg/kg，亚硝酸盐≤ 0.2mg/kg。

3. 卫生指标

黄曲霉毒素≤ 0.5μg/kg，大肠杆菌≤ 90MPN/100ml，致病菌不得检出。

四、石斛化妆品

（一）化妆品的质量标准

（1）化妆品不得对施用部位产生明显刺激和损伤。

（2）化妆品必须使用安全，且无感染性。

（3）化妆品原料中禁用物质和限用物质采用“欧盟化妆品规程”中规定的禁用和限用物质。

（二）对化妆品禁止使用物质的要求

1. 禁止使用物质

禁止使用“欧盟化妆品规程”中规定的 421 种禁用物质和我国药

品管理法规中规定的西药毒药类、毒性药品、麻醉药品、精神药品共73种禁用物质。

2. 限制使用物质

限制使用“欧盟化妆品规程”中规定的限用物质67种、防腐剂55种、紫外线吸收剂22种、着色剂157种。

（三）对化妆品产品的卫生要求

1. 化妆品的微生物学要求应符合下列规定

（1）眼部、口唇等黏膜用化妆品以及婴儿和儿童用化妆品细菌总数不得大于500cfu/ml或500cfu/g。

（2）其他化妆品细菌总数不得大于1 000cfu/ml或1 000cfu/g。

（3）每克或每毫升化妆品中不得检出粪大肠菌群、绿脓杆菌和金黄色葡萄球菌。

（4）化妆品中霉菌和酵母菌总数不得大于100cfu/ml或100cfu/g。

2. 化妆品中所含有毒物质不得超过规定的限量

详见表6-6。

表6-6　重金属含量指标

项目	指标
汞（mg/kg）	1
铅（mg/kg）	40
砷（mg/kg）	10
甲醇（mg/kg）	2000

后 记

近年来，中国农业科学院农产品加工研究所的功能因子研究与利用创新团队开展了石斛的化学成分及功能活性的研究，石斛精深加工产品的研发。初步发现了石斛多糖的骨架结构、活性功效，并研发了一些产品弥补市场空白。

在龙陵县石斛研究所的大力支持和积极参与下，石斛化学成分、功能活性及产品研发得于顺利开展。这些研究得到了合作企业和龙陵县石斛研究所的大力支持，并提供了试验材料，使研究数据更加具有代表性，在此，对龙陵县石斛研究所的支持，合作致以衷心感谢，同时对各企业提供的帮助和支持表示诚挚的谢意。

本书在广泛开展调查，进行大量试验的基础上编著而成。本书由王凤忠策划、组织。第二章石斛的化学成分及功能活性、第四章中石斛的生理及贮藏部分、第五章石斛加工工艺和第六章石斛加工质量安全控制由王凤忠、王东晖及研究团队编写；第一章石斛的生物学特性、第三章石斛选育和栽培、第四章中石斛的采收部分和第五章中石斛枫斗加工部分由赵菊润及其研究团队廖勤昌、李能波、尹卓平、李丽梅等编写。

限于作者的学识水平，错误与疏漏之处再所难免，敬请读者批评指正。

王凤忠

2015 年 10 月